新时期三峡水库运行管理保障制度体系研究

王冠军　戴向前　李发鹏　等 著

中国水利水电出版社
www.waterpub.com.cn
· 北京 ·

内 容 提 要

本书在分析三峡水库运行管理现状及成效的基础上，分析总结了水库运行管理面临的新形势新要求及存在的主要问题，综合借鉴了丹江口、小浪底、新安江等大型水库运行管理相关经验，研究提出了三峡水库运行管理保障制度体系构建的总体思路、基本原则和制度体系框架，以及重大事项统筹协调、空间管控、生态调度、岸线与消落区监管、生态保护补偿、安全管理等水库运行管理重要制度建设思路与举措，以期为三峡水库安全运行和效益充分发挥提供制度保障。

本书可供水利工程运行管理领域相关人员参考，也可供水利管理、公共管理、水利政策等专业科研、教学和管理人员参考使用。

图书在版编目（CIP）数据

新时期三峡水库运行管理保障制度体系研究 / 王冠军等著. -- 北京 : 中国水利水电出版社, 2023. 5.
ISBN 978-7-5226-2823-3
Ⅰ. TV737
中国国家版本馆CIP数据核字第202471S8C7号

书　　名	**新时期三峡水库运行管理保障制度体系研究** XINSHIQI SAN XIA SHUIKU YUNXING GUANLI BAOZHANG ZHIDU TIXI YANJIU
作　　者	王冠军　戴向前　李发鹏　等 著
出版发行	中国水利水电出版社 （北京市海淀区玉渊潭南路1号D座　100038） 网址：www. waterpub. com. cn E-mail：sales@mwr. gov. cn 电话：（010）68545888（营销中心）
经　　售	北京科水图书销售有限公司 电话：（010）68545874、63202643 全国各地新华书店和相关出版物销售网点
排　　版	中国水利水电出版社微机排版中心
印　　刷	北京中献拓方科技发展有限公司
规　　格	170mm×240mm　16开本　7.75印张　147千字
版　　次	2023年5月第1版　2023年5月第1次印刷
定　　价	**56.00**元

前言

三峡工程是治理和保护长江的关键性骨干工程，是迄今为止世界上规模最大的综合性水利枢纽工程和综合效益最广泛的水电工程。2018 年 4 月 24 日，习近平总书记在视察三峡工程时指出，“三峡工程是国之重器，是靠劳动者的辛勤劳动自力更生创造出来的。”“三峡工程的成功建成和运转，使多少代中国人开发和利用三峡资源的梦想变为现实，成为改革开放以来我国发展的重要标志。这是我国社会主义制度能够集中力量办大事优越性的典范，是中国人民富于智慧和创造性的典范，是中华民族日益走向繁荣强盛的典范。”2020 年 11 月 1 日，水利部、国家发展改革委公布三峡工程完成整体竣工验收全部程序，标志着三峡工程建设任务全面完成，也预示着三峡工程转入全面运行管理新阶段。

2021 年 4 月 16—18 日，水利部部长李国英在调研三峡工程时强调，三峡工程是国之重器，全面建成三峡工程只是万里长征走完了第一步，管理运行好三峡工程是更为长远、艰巨的任务。要认真学习贯彻习近平总书记有关重要讲话和党的十九届五中全会精神，深入研究做好“大时空、大系统、大担当、大安全”文章。2021 年 8 月，水利部印发《加强三峡工程运行安全管理工作的指导意见》，提出要持续保障三峡工程运行安全，部署了建立健全三峡工程运行安全长效机制的战略任务，要求加快完善三峡工程运行管理政策法规，加强制度建设，推进建立责权明确的三峡工程运行管理体系和工作机制，促进依法规范管理。

作为大国重器的三峡工程，其运行管理关系到国家的长治久安，是国家水治理体系和治理能力的重要体现。开展新时期三峡水库运行管理保障制度体系建设研究，正是顺应强化三峡工程运行管理新形势与新要求，在开启社会主义现代化国家新征程、把握新发展阶段、贯彻新发展理念、构建新发展格局大背景下，按照统筹发展和安全、生态优先、绿色发展等相关要求而开展的决策支撑性研究。

本书以2022年财政预算项目研究成果为基础编写而成，主要包括六章。第一章为三峡水库运行管理现状及成效，介绍了水库基本情况，梳理分析了水库管理现行制度，总结了水库管理现状及成效。第二章为三峡水库运行管理面临的新形势新要求及存在的主要问题。第三章为典型水库运行管理经验借鉴，总结了丹江口、小浪底、新安江等大型水库运行管理主要做法，提出了可供三峡水库运行管理借鉴的经验启示。第四章为三峡水库运行管理保障制度体系框架构建，提出了制度体系构建的总体思路、基本原则和制度体系框架。第五章为三峡水库运行管理重要制度建设，提出了重大事项统筹协调、空间管控、生态调度、岸线与消落区监管、生态保护补偿、安全管理等重要制度建设思路与举措。第六章为对策建议，提出了推进水库运行管理制度体系建设的相关建议。

本书撰写过程中，得到了水利部三峡工程管理司、重庆市水利局、湖北省水利厅、中国长江三峡集团有限公司流域枢纽运行管理中心等单位有关领导和专家的指导。孙波扬、马俊、周晓花、周飞、刘啸、刘卓、刘创、李孝林等参加了本书相关研究工作，他们为本书出版做出了重要贡献，在此表示衷心感谢。

由于时间和水平所限，不足之处在所难免，敬请批评指正。

作者

2023年5月

目录

第一章 三峡水库运行管理现状及成效

三峡水库是治理和保护长江的关键性骨干工程。2020 年 11 月，三峡工程完成整体竣工验收全部程序，标志着工程转入全面运行管理新阶段。本章简要梳理了三峡水库概况、管理相关制度、运行管理现状及其取得的成效。

一、水库概况

三峡水库坝址地处长江干流西陵峡河段、湖北省宜昌市三斗坪镇，距下游葛洲坝水利枢纽和宜昌市区约 40km，控制流域面积约 100 万 km^2，占长江流域面积的 56%，具有防洪、发电、航运、水资源利用、生态环境保护等巨大的综合效益。本书所称三峡水库，包括三峡水利枢纽工程和三峡库区。

（一）枢纽工程概况

三峡水利枢纽工程为Ⅰ等工程，由拦河大坝、电站建筑物、通航建筑物、茅坪溪防护工程等组成。挡泄水建筑物按 1000 年一遇洪水设计，洪峰流量 98800m^3/s；按 10000 年一遇加大 10%洪水校核，洪峰流量 124300m^3/s。主要建筑物地震设计烈度为Ⅶ度。

拦河大坝为混凝土重力坝，坝轴线全长 2309.5m，坝顶高程 185m，最大坝高 181m，主要由泄洪坝段、左右岸厂房坝段和非溢流坝段等组成。水库正常蓄水位 175m，相应库容 393 亿 m^3。汛期防洪限制水位 145m，防洪库容 221.5 亿 m^3。

电站建筑物由坝后式电站、地下电站和电源电站组成，坝后式电站安装 26 台 70 万 kW 水轮发电机组，装机容量 1820 万 kW；地下电站安装 6 台 70 万 kW 水轮发电机组，装机容量 420 万 kW；电源电站安装 2 台 5 万 kW 水轮发电机组，装机容量 10 万 kW。电站总装机容量为 2250 万 kW，多年平均发电量 882 亿 kW·h。

通航建筑物由船闸和垂直升船机组成。船闸为双线五级连续船闸，主体结构段总长 1621m，单个闸室有效尺寸为长 280m、宽 34m、最小槛上水深 5m，年单向设计通过能力 5000 万 t。升船机最大提升高度 113m，承船厢有效尺寸长 120m、宽 18m、水深 3.5m，最大过船规模为 3000 吨级。

茅坪溪防护工程包括茅坪溪防护坝和泄水建筑物。茅坪溪防护坝为沥青混凝土心墙土石坝，坝轴线长 889m，坝顶高程 185m，最大坝高 104m。泄水建筑物由泄水隧洞和泄水箱涵组成，全长 3104m。

三峡工程自 1993 年 1 月开始施工准备，1994 年 12 月正式开工；1997 年 12 月大江截流；2003 年 6 月水库蓄水至 135m，双线五级船闸试通航；2008 年 10 月左右岸电站 26 台机组全部投产发电；2020 年 11 月完成整体竣工验收，标志着三峡工程进入全面运行管理新阶段。

（二）库区基本情况

1. 库区及其水环境概况

（1）库区及其水生生境特征。三峡工程建成后抬高了上游河道水位，在坝前形成了巨大的人造湖泊和长度 663km 左右的回水区（三峡坝前至江津花红堡）。三峡库区是指三峡水库校核洪水位以下受淹没影响的区域，涉及有移民任务的 26 个县（市、区），总面积约 7.9 万 km^2，包含湖北省宜昌市所辖的秭归县、兴山县、夷陵区，湖北省恩施土家族苗族自治州所辖的巴东县，重庆市所辖的巫山县、巫溪县、奉节县、云阳县、开县、万州区、忠县、涪陵区、丰都县、武隆县、石柱县、长寿区、渝北区、巴南区、江津区及重庆核心城区（包括渝中区、北碚区、沙坪坝区、南岸区、九龙坡区、大渡口区和江北区）。库区地处四川盆地与长江中下游平原的结合部，跨越鄂中山区峡谷及川东岭谷地带，北屏大巴山、南依川鄂高原。

三峡水库建成前，库区干流河段河道狭窄，礁石林立，滩潭交替，水流湍急。建库后，干流河段水深加深，水面变宽，水流变缓，从库尾到坝前沿程流速虽有波动，但总体逐渐变小，库区河段由原有的水流湍急、生境多样的河网水系结构演变成湖河的复合水系结构，形成类似湖泊的缓流或静水水库，流水河段明显萎缩，仅在库尾以上干流和回水区以上支流流水河段保留原有流水生境。坝前水域流速放缓更加明显，近坝支流汇入口附近流速普遍下降，形成开阔、平缓的静水库湾。

（2）库区水环境。根据国务院批准的《全国重要江河湖泊水功能区划（2011—2030 年）》，库区河段涉及 67 个水功能区，其中一级功能区 25 个，二级功能区 42 个。水域类型有开发利用区、控制区、保留区、缓冲区四类。区域的水质管理目标较严格，按照 GB 3838—2002《地表水环境质量标准》

Ⅱ～Ⅲ类水质标准管理。总体来说，长江干流水质较稳定，保持在Ⅱ～Ⅲ类标准；部分支流存在富营养化，水质达到Ⅳ类标准。

（3）库区水生生物资源概况。库区内分布有鱼类190多种，包括国家一级保护动物白鲟、中华鲟、达氏鲟，国家二级保护动物胭脂鱼，分属12目26科104属。其中鲤形目种数最多，占鱼类种数的67.84%。库区饵料生物资源主要有：浮游藻类125种（含变种），浮游动物87种（属），底栖动物27种（属）。库区重要经济鱼类主要为四大家鱼，以及鲤、鲫、鳊、翘嘴鲌、铜鱼、圆口铜鱼、鳜等。

近年来，受水利工程建设、水域污染、过度捕捞、航道整治、挖沙采石等影响，长江水生生物的生存环境日趋恶化，生物多样性指数持续下降，特别是珍稀特有物种全面衰退，四大家鱼种鱼苗发生量大幅衰减，长江特有物种白鱀豚、白鲟功能性灭绝，长江江豚、中华鲟极度濒危。

2. 消落区相关情况

（1）消落区及其植被情况。三峡水库建成运行后，在水库正常蓄水位175m的库区土地征用线以下，因水库调度运用导致库区水位涨落，形成与天然河流涨落季节相反、涨落幅度高达30m的水库消落区。三峡库区消落区总面积284.65km^2，其中：重庆市库区消落区面积247.51km^2，湖北省库区消落区面积37.14km^2。三峡水库消落区作为我国最重要的人工消落区，垂直落差大、影响范围广，是库区重要的生态环境敏感区，与水库水质、库容和工程安全运行等密切相关。

三峡水库消落区植被类型中，草丛面积最大，为179.86km^2，占消落区总面积的63.19%；其次为灌草丛，面积为26.19km^2，占9.20%；再次为灌丛，面积为8.23km^2，占2.89%；农作物分布面积为6.23km^2，占2.19%。植被覆盖度以40%～60%为主，面积为66.09km^2，占消落区总面积的23.22%；其次为覆盖度20%～40%面积为59.75km^2，60%～80%区域的面积为37.12km^2；覆盖度为80%～100%的区域有33.52km^2。非植被覆盖区域面积为64.31km^2，占总面积的22.59%。其中自然边坡区域为30.20km^2，其主要为坡度较大的岩质边坡和混合质边坡，主要分布在奉节、巫山、巴东等中山峡谷地带；人工边坡区域为34.11km^2，主要分布在城集镇周边地带。

（2）消落区农业耕种情况。三峡水库淹没耕园地约42万亩，由于库区人多地少，耕地资源匮乏，库周移民群众对土地需求迫切。蓄水初期，消落区农业耕种面积较大。近年来，各级政府通过出台管理文件，细化管理措施，落实生态环境保护责任，规范耕种行为，加强了对消落区土地耕种的监督管理，消落区耕种面积及施用农药化肥呈逐年减少的趋势。2008年消落区耕种面积超过5万亩，2016年6月耕种面积约1.4万亩，2017年6月减少到不足

1万亩。

库区消落区农业耕种主要集中在5—8月间，主要种植玉米、黄豆、红薯、芝麻以及各类季节性蔬菜，高秆作物种植较普遍。施用农药、化肥等现象依然存在，约占种植面积的25%。耕种区域主要分布于城集镇和农村集中居民点周边的缓坡和中缓坡消落区，大多为零星小面积无序种植，成片大面积种植较少。

(3) 消落区污染物分布情况。近年来，随着国家对环保工作的重视，湖北、重庆两省（直辖市）、库区各区（县）加大了对长江干支流消落区“八乱”（乱挖、乱填、乱堆、乱倒、乱搭、乱建、乱耕、乱种）现象清理及整治工作力度，高度重视对消落区垃圾处理能力、污水处理能力建设，并开展了环境治理和生态保护工程建设等，三峡水库消落区的环境保护工作取得了较好成效。但仍然存在零星污染物分布现象，主要是因沿江道路、库岸整治工程等建设，临时堆放的建筑土石方、砂石、矿渣等，以及部分工程建筑商、采砂场、石材厂、造船厂、货运码头等企业及个体户长期随意堆放弃土、弃渣、弃石等。

3. 岸线及其利用情况

三峡水库是河道型水库，岸线总长5425.93km，其中湖北库区847.25km、重庆库区4578.68km。库区岸线既有城镇区域，也有农村区域，既有相对平缓的土坡，也有陡峭的岩石裸露岸坡，需要根据不同区域岸线特点，加强对岸线保护和利用的管理。

(1) 岸线功能区划分。依据《长江岸线保护和开发利用总体规划》，三峡库区岸线划分为保护区、保留区、控制利用区和开发利用区四类。开发利用区再划分为常年利用区、季节性利用区、暂时性利用区三类。

保护区指在规划期内消落区地质条件不稳定的重要区域、重要水源地等对水库安全、人民生产生活安全和生态保护有重要影响的区域。保护区严禁任何开发利用活动。

保留区指规划期内不开发利用或者尚不具备开发利用条件的区域，主要包括：坡度在25°以上的消落区；地质条件不稳定的一般区域；河势不稳、河槽冲淤变化明显的和支流河段的消落区；有一定的生态保护或特定功能要求的区域，如水资源保护区、供水水源地等；三峡水库145～155m水位线消落区。保留区禁止任何形式的开发利用活动，以保持现状或自然状态为主。

控制利用区指因开发利用岸线资源对防洪安全、河流生态保护存在一定风险，或开发利用程度已较高，进一步开发利用对防洪、供水和河流生态安全造成等一定影响，而需要控制开发利用程度的岸线区段。岸线控制利用区要加强对开发利用活动的指导和管理，有控制、有条件地合理适度开发。

开发利用区指河势基本稳定，无特殊生态保护要求或特定功能要求，开发利用活动对河势稳定、防洪安全、供水安全及河流健康影响较小的岸线区，应按保障防洪安全、维护河流健康和支撑经济社会发展的要求，有计划、合理地开发利用。

（2）岸线利用情况。截至2017年6月，涉及利用三峡水库岸线的项目共1072个（不包括为确保库岸稳定开展的地质灾害治理、库岸综合整治和防洪护岸工程）。项目利用类型主要包括港口码头、取排水口、跨（穿）江设施、生态景观工程及其他利用方式等。港口码头为主要利用方式，占59.05%；其次为取排水口占19.78%；跨（穿）江设施占17.82%；生态景观工程和其他方式占3.35%。从项目分布区域看，752个项目分布于城集镇岸段、占70.15%，320个项目分布在农村岸段、占29.85%。从项目所在岸线功能区看，位于《长江岸线保护和开发利用总体规划》中已划定岸线功能区（长江、乌江和嘉陵江干流）的项目共883个，其中保护区有69个，保留区有150个，控制利用区有451个，开发利用区有213个。岸线利用项目占用的岸线长度共计329.89km，占岸线总长的6.08%，其中湖北库区利用岸线长度为16.44km，重庆库区利用岸线长度为313.45km。按分布区域统计，位于城集镇段的岸线利用长度为238.41km，占已利用岸线长度的72.27%，占城集镇段岸线总长度的18.34%。总体而言，重庆市主城区，以及江津区和渝北区岸线利用率较高，均超过区县岸线总长的15.00%，其中江津区消落区范围内的沿江滨江生态景观工程占用岸线长度大、岸线利用率达76.06%。

（三）水库主要功能

三峡工程具有防洪、发电、航运、水资源利用和生态环境保护五大功能，以大国重器之力护佑长江安澜，助推经济社会高质量发展。

1. 防洪

防洪是三峡工程的首要功能，也是兴建三峡工程的首要出发点。长江中下游地区，历来是我国最发达的地区之一，在我国经济社会发展总体格局中具有重要战略地位。然而，长江也是一条洪水泛滥、灾害频发的河流。“万里长江，险在荆江。”长江中游的荆江河段（上起湖北省枝城，下至湖南省城陵矶），洪水期已成为“地上悬河”，威胁着江汉平原和洞庭湖区1500万人民生命财产、两岸城镇、工矿企业和交通干线的安全，成为我国的心腹大患。三峡工程地理位置得天独厚，恰位于长江峡谷区的末端，使其能有效扼住上游洪水的“咽喉”，能直接控制荆江河段洪水来量的95%、武汉以上洪水来量的67%。其正常蓄水位175m，防洪限制水位145m时，拥有防洪库容221.5亿m^3。

三峡工程防洪功能主要体现在以下三个方面。一是可有效提高荆江河段的防洪标准，从10年一遇提高到100年一遇，如遇超过100年一遇至1000年一遇或类似1870年特大洪水，经三峡水库调蓄，配合运用荆江分洪区和其他分蓄洪区，可避免洞庭湖区和江汉平原发生毁灭性灾害，可使长江中下游防洪能力大为提高，防洪格局和形势发生根本性改变。二是如遇汉江发生洪水或者湖南湘资沅澧“四水”发生洪水，三峡工程可实行错峰调度，有利于长江中下游防洪安全。三是每年汛期可有效减少进入洞庭湖的洪水和泥沙，改善湖区生态，延长洞庭湖寿命；若遇特大洪水需要运用分蓄洪区时，因有三峡水库拦蓄洪水，可为分蓄洪区内人员转移、避免人员伤亡赢得时间，增加长江中下游防洪调度的可靠性和灵活性。

2. 发电

三峡水电站由左岸电站、右岸电站、地下电站和电源电站组成，共安装70万kW水轮发电机组32台，5万kW机组2台，装机总容量2250万kW，是当今世界上装机规模最大的水电站，设计年发电量882亿kW·h。其发电能力巨大，技术经济指标优越，在我国能源布局中具有重要的战略地位。

三峡工程的发电功能主要体现在以下三个方面：一是三峡水电站发出的巨大电力通过三峡输变电工程送往华中、华东和南方电网。直接受益的有湖北省、湖南省、河南省、江西省、江苏省、浙江省、安徽省、广东省和上海市等8省1市，共有人口近6亿，惠及全国近半数人口。二是三峡水电站地处我国腹地，在全国电网互联格局中处于中心位置，促进了“全国联网，西电东送，南北互供”。各区域电网之间可以获得事故备用和负荷备用容量，可充分发挥错峰效益、水电站群补偿调节效益以及水火电厂容量交换效益，优化资源配置，提高了电网的安全性和经济性。三是三峡水电站与葛洲坝水电站联合承担电力系统调峰、调频、事故备用任务。实际最大调峰容量达708万kW，改善了华中、华东、南方电网调峰容量紧张的局面，为电力系统的安全稳定运行提供了可靠保障。还使电网动态调节性能得到改善，抵御事故冲击能力得到提高。

3. 航运

长江是沟通我国东、中、西部的交通大动脉，号称“黄金水道”。三峡工程蓄水前，重庆至宜昌的川江，航行条件艰险而复杂，共有109处滩险、34处单向通行航段、12处需卷扬机绞滩“拉纤”才能通行的航段，而且不能夜航，年单向通过能力只有1000万t，该江段“黄金水道”名不副实，一定程度上制约了西南地区经济社会的快速发展。

三峡工程双线五级船闸和垂直升船机运行后，其航运功能主要体现在以下四个方面。一是重庆以下川江航道得到根本性改善。高峡平湖将滩险全部淹没，常年达到Ⅰ级航道标准，“自古川江不夜航”成为历史。乌江、嘉陵江、香溪河等20余条库区支流航道向上游延伸，开启了长江上游航运新篇章。二是长江中游浅滩河段航道得到显著改善。宜昌下游枯水期流量增加近1倍，航道水深增加，万吨级船队或5000吨级单船可由上海直达重庆，长江成为名副其实的黄金水道。三是航运安全性大为提高。三峡工程蓄水后，库区船舶海损事故大为减少，每年水上交通事故下降近70%。四是航运能力大幅提升。库区船舶单位千瓦拖带能力较三峡水库蓄水前提高3倍以上，平均油耗下降70%，单位运输成本下降37%，提高了水运的经济性和竞争力。长江航运与长江经济带，形成了航运能力提高与运输需求增长之间的良性互动，使三峡工程的航运功能在更高层次和更大范围得到拓展。

4. 水资源利用

三峡工程自2010年汛后蓄水至正常蓄水位175m后，具有兴利调节库容165亿m^3，成为我国重要的淡水资源战略储备库、国家水网的重要节点工程，水资源利用功能显著发挥。其功能主要体现在以下三个方面。一是每年枯水期为长江中下游补水。三峡工程蓄水前的天然情况下，长江中下游每年11月—次年4月上旬的枯水期，平均流量只有3000m^3/s，工农业生产和沿江城镇用水十分紧张，缺水城市近60座、县城150余座。三峡水库利用巨大的调节库容“蓄丰补枯”，枯水期下泄流量一般为6000m^3/s，有效缓解了长江中下游工农业生产和沿江城镇用水紧张的局面。二是为长江中下游抗旱超常补水。2009年10月，洞庭湖、鄱阳湖地区出现严重旱情，三峡水库10—11月上旬连续加大下泄流量，有效缓解了两湖地区旱情。2011年长江中下游地区出现秋冬春夏四季连旱，旱情范围广、持续时间长，5月7日—6月10日，三峡水库为中下游抗旱补水54.7亿m^3，对缓解长江中下游旱情发挥了重要作用。2022年，受持续高温少雨影响，长江流域遭遇严重干旱，三峡水库8月16—21日5d向长江中下游补水约5亿m^3。三是三峡水库作为引江补汉工程水源地，年均可向汉江补水36.7亿m^3，对充分发挥南水北调中线工程输水潜力、增强汉江流域水资源调配能力、进一步提高北方受水区的供水稳定性有着重要作用，是国家水网建设的重要节点。

5. 生态环境保护

三峡工程的生态环境保护功能主要体现在以下三个方面。一是有效避免洪水泛滥对灾区和分蓄洪区生态环境的严重破坏。避免洪灾带来的疾病流行、传染病蔓延；避免铁路干线、高速公路中断或不能正常运行而使环境恶化；有效减少钉螺随洪水传播，有利于中下游血吸虫病的防治。二是大量减少碳排放，对减缓温室效应作出重大贡献。减少大量废水、废渣，还可减轻因有害气体排放而引起的酸雨危害。三是三峡水库实施生态调度，助力四大家鱼自然繁殖和长江口压制咸潮。

二、三峡水库管理相关制度

（一）相关法律法规政策文件

三峡水库管理涉及湖北省、重庆市多个行政区，涉及水利、自然资源、交通运输、生态环境、农业农村、住房和城乡建设、发展改革等多个部门和行业，管理内容繁杂，相关法律法规政策文件涉及法律、法规、规章、规范性文件等不同层级，既有国家层面的，也有部门层面和地方层面的，既有普适性的，也有专门针对三峡工程的。

普适性的法律法规政策文件，主要包括《中华人民共和国水法》《中华人民共和国防洪法》《中华人民共和国环境保护法》《中华人民共和国水土保持法》《中华人民共和国水污染防治法》《中华人民共和国长江保护法》等涉水法律，《水库大坝安全管理条例》《中华人民共和国河道管理条例》等法规，以及中共中央办公厅、国务院办公厅《关于全面推行河长制的意见》《关于在湖泊实施湖长制的指导意见》，水利部《关于加强河湖管理工作的指导意见》《关于推进水利工程标准化管理的指导意见》《水利部关于加强河湖水域岸线空间管控的指导意见》等规范性文件。

针对三峡工程特点的专门性法律法规政策文件主要有：《长江三峡水利枢纽安全保卫条例》《三峡水库调度和库区水资源与河道管理办法》《三峡（正常运行期）—葛洲坝水利枢纽梯级调度规程》《重庆市长江三峡水库库区及流域水污染防治条例》《重庆市三峡水库消落区管理暂行办法》《国务院办公厅关于加强三峡工程建设期三峡水库管理的通知》《国务院关于同意建立三峡库区及其上游水污染防治部际联席会议制度的批复》《水利部关于印发加强三峡工程运行安全管理工作的指导意见的通知》《重庆市人民政府办公厅关于建立重庆市三峡水库管理联席会议制度的通知》《湖北省人民政府办公厅关于加强三峡水库消落区管理的通知》等，为加强三峡水库管理提供了强有力的政策制度保障。与三峡水库管理相关的主要法律法规政策文件见表1-1。

（二）相关制度

按照水库管理体制机制、水库安全管理、水库调度、消落区管理、生态环境保护与修复等事项，梳理的三峡水库管理相关制度体系见附表。

对现行相关法律法规政策文件的梳理结果表明，目前三峡水库管理已初步形成一系列制度。同时，近年来新出台的《长江保护法》《关于全面推行河长制的意见》《关于推进水利工程标准化管理的指导意见》《加强三峡工程运行安全管理工作的指导意见》等法律法规政策，也对进一步建立健全三峡水库管理制度提出了新要求。从水库管理体制机制、水库安全管理、水库调度、消落区管理、生态环境保护与修复等五个方面简要总结如下。

表 1-1　　三峡水库管理主要法律法规政策文件一览

法律法规政策		名　称	文　号
国家层面	法律	1.《中华人民共和国水法》	
		2.《中华人民共和国防洪法》	
		3.《中华人民共和国环境保护法》	
		4.《中华人民共和国水土保持法》	
		5.《中华人民共和国水污染防治法》	
		6.《中华人民共和国长江保护法》	
	法规	1.《水库大坝安全管理条例》	国务院令第 77 号
		2.《中华人民共和国河道管理条例》	国务院令第 3 号
		3.《长江三峡水利枢纽安全保卫条例》	国务院令第 640 号
	规范性文件	1. 关于加强三峡工程建设期三峡水库管理的通知	国办发〔2004〕32 号
		2. 国务院关于同意建立三峡库区及其上游水污染防治部际联席会议制度的批复	国函〔2005〕66 号
		3.《关于全面推行河长制的意见》	厅字〔2016〕42 号
		4.《关于在湖泊实施湖长制的指导意见》	厅字〔2017〕51 号
部门层面	规章	《三峡水库调度和库区水资源与河道管理办法》	水利部令第 35 号
	规范性文件	1.《三峡（正常运行期）—葛洲坝水利枢纽梯级调度规程》	
		2.《加强三峡工程运行安全管理工作的指导意见》	水三峡〔2021〕255 号
		3.《关于加强河湖管理工作的指导意见》	水建管〔2014〕76 号
		4.《关于推进水利工程标准化管理的指导意见》	
		5.《水利部关于加强河湖水域岸线空间管控的指导意见》	水河湖〔2022〕216 号
地方层面	法规	1.《重庆市长江三峡水库库区及流域水污染防治条例》	
		2.《湖北省水污染防治条例》	
	规章	《重庆市三峡水库消落区管理暂行办法》	重庆市政府令第 267 号
	规范性文件	1.《重庆市人民政府办公厅关于建立重庆市三峡水库管理联席会议制度的通知》	渝办〔2005〕52 号
		2.《湖北省人民政府办公厅关于加强三峡水库消落区管理的通知》	鄂政办函〔2019〕1 号

在水库管理体制机制方面，已初步形成了枢纽工程由水利部等国务院有关部门监督指导、湖北省落实大坝安全的行政领导责任、三峡集团公司具体负责，库区由水利部等国务院相关部门监督指导、重庆市和湖北省具体负责

的管理体制；建立了三峡库区及其上游水污染防治部际联席会议制度、水利部三峡工程管理司与重庆市和湖北省水库管理机构联席会议制度、重庆市三峡水库管理联席会议制度等不同层级的协调机制。同时，全面推行河长制、三峡水库所在长江流域拟建立长江流域协调机制等，对进一步完善三峡水库统筹管理机制提出新要求。

在水库安全管理方面，一是建立了枢纽工程安全管理制度，包括工程保护、大坝安全管理职责划分、安全保卫等制度，并由国务院出台了《长江三峡水利枢纽安全保卫条例》专项法规。同时，2022 年 3 月水利部出台《关于推进水利工程标准化管理的指导意见》，要求进一步健全完善三峡工程标准化管理制度。二是建立了库区安全管理制度，包括库区河道管理、岸线利用管理、水资源保护等制度。同时，国家对长江流域河湖岸线实施特殊管制，2022 年 5 月，水利部印发《水利部关于加强河湖水域岸线空间管控的指导意见》等，要求进一步健全完善三峡水库岸线管理制度。

在水库调度方面，水利部出台了《长江流域水库群联合调度方案》《三峡水库调度和库区水资源与河道管理办法》，三峡集团公司制定了《三峡（正常运行期）—葛洲坝水利枢纽梯级调度规程》，对水库防洪调度、水量调度等制度作出了较为全面的规定。同时，《中华人民共和国长江保护法》明确，长江干流、重要支流和重要湖泊上游的水利水电、航运枢纽等工程应当将生态用水调度纳入日常运行调度规程，建立常规生态调度机制；2021 年 8 月水利部印发的《加强三峡工程运行安全管理工作的指导意见》提出，要完善以三峡工程为核心的长江流域水工程联合调度机制、持续开展三峡水库及上游梯级电站联合生态调度实践，对建立完善以三峡工程为核心的长江流域水库群联合调度、三峡水库生态调度制度提出要求。

在消落区管理方面，明确了消落区土地所有权及管理责任，初步建立了消落区土地使用管理制度，以及消落区生态环境保护与修复、消落区分区等保护制度，并出台了《重庆市三峡水库消落区管理暂行办法》《湖北省人民政府办公厅关于加强三峡水库消落区管理的通知》等地方法规和政策，但在国家层面缺乏消落区管理的专项制度。同时，《中华人民共和国长江保护法》和水利部《加强三峡工程运行安全管理工作的指导意见》，对加强三峡消落区的生态环境保护和修复提出了明确要求。

在生态环境保护与修复方面，初步建立了包括消落区生态环境保护和修复、库区水土流失治理、水库周边防护林带建设和保护、库区地质灾害防治等制度。同时，长江保护相关制度对三峡水库生态环境保护制度提出新要求，如：长江流域国土空间实施用途管制，要求建立三峡库区生态空间管控制度；长江流域生态保护补偿，要求建立三峡库区生态保护补偿制度等。

三、水库运行管理现状

目前，三峡水库实行统一管理与区域管理相结合的运行管理体制，枢纽工程与库区分开管理。枢纽工程管理由项目法人三峡集团公司具体负责，库区管理由重庆市和湖北省具体负责。

（一）枢纽工程管理

1. 管理体制机制

三峡枢纽工程管理实行水利部等有关部门监督指导、三峡集团公司具体负责的管理体制。水利部负责组织提出并协调落实三峡工程运行的有关政策措施，指导监督工程安全运行；三峡集团公司负责落实三峡水利枢纽的工程管理责任。

三峡集团公司作为三峡工程项目法人和枢纽管理责任主体，全面负责三峡枢纽工程的运行管理，其内部管理协调机制如下：

三峡水利枢纽管理局代表三峡集团公司负责三峡枢纽工程的运行管理，对外对内联系协调各方关系，通过梯级枢纽调度协调小组和协调例会研究处理梯级调度及枢纽工程运行有关问题，协调处理防洪、发电、航运的关系，为电力生产提供服务，营造良好电力生产外部环境，确保梯级枢纽安全运行和综合效益全面发挥。

三峡枢纽工程运行管理责任分工遵循“资产归属明确、管理职责到位、工作不留死角、相互协作配合”原则，由枢纽管理局、长江电力按区域和专业分工负责管理。枢纽管理区安保由枢纽管理局统一负责。

其中：枢纽管理局负责三峡船闸、升船机、近坝库岸安全运行管理（其中三峡船闸的日常运行、维护委托交通部长江三峡通航管理局三峡船闸管理处实施），以及三峡水库大坝安全监测和检查、三峡大坝及坝区的防汛管理、三峡水库库区管理、枢纽及坝区安全保卫工作。

长江电力职责为三峡水库的水务和日常调度工作，三峡枢纽大坝、电站、泄洪建筑物、茅坪副坝的安全运行、维护、缺陷处理、补强加固、内部保卫。具体为梯调中心负责三峡水库的水务和日常调度工作，三峡电厂负责三峡枢纽大坝、电站、泄洪建筑物的运行、维护及检修服务，长江三峡水电工程公司负责茅坪副坝的运行维护。

2. 安全管理

对于枢纽工程安全保卫，主要依据《长江三峡水利枢纽安全保卫条例》进行管理。国务院公安、交通运输、水行政等部门和三峡枢纽运行管理单位按照职责分工负责三峡枢纽安全保卫有关工作。湖北省人民政府、宜昌市人民政府对三峡枢纽安全保卫工作实行属地管理。

国家在三峡枢纽及其周边特定区域设立了三峡枢纽安全保卫区，按照陆域安全保卫区、水域安全保卫区、空域安全保卫区分别进行管控。陆域安全保卫区又划分为限制区、控制区、核心区，在周边界限处分别设置实物屏障或者警示标志，各区的出入口和重点部位配备警戒岗哨或者技术防范设施。其中，限制区限制无关车辆接近三峡枢纽的区域。控制区限制无关车辆和人员接近三峡枢纽，并在紧急情况时提供有效缓冲和防护。核心区是实行封闭式管理的区域。

同时，条例针对三峡枢纽的特殊性和安全保卫工作的重点，明确了中央、湖北省、宜昌市和三峡枢纽运行管理单位的四级安保工作协调机制，明确了宜昌市和三峡枢纽运行管理单位在确立治安联防制度、加强三峡枢纽安全保卫区及其周边地区社会管理综合治理方面的职责等。

3. 水库调度及效益

三峡工程按照批准的长江洪水调度方案和调度规程实施水库调度，防洪、发电、航运、水资源利用等综合效益全面发挥。其中，《三峡（正常运行期）—葛洲坝水利枢纽梯级调度规程》已正式颁布实施。

（1）防洪方面。自水库蓄水至2020年年底，三峡水库累计拦蓄洪水61次，总蓄洪量1920亿m^3，为长江流域经济社会发展营造了安澜环境。2010年、2012年、2020年入库最大洪峰均超过70000m^3/s，特别是2020年8月，最大入库洪峰流量达75000m^3/s，经过拦蓄，削峰率达35%，极大减轻了长江中下游地区的防洪压力，大幅度降低了防汛风险和成本。

（2）发电方面。截至2020年年底，三峡水电站已累计发电13992亿kW·h，2020年发电量创单座水电站世界新纪录，达1118亿kW·h。三峡水电站已成为我国重要的大型清洁能源生产基地，为优化能源结构、维护电网安全稳定运行、实现全国电网互联互通、促进节能减排等发挥了重要作用。

（3）航运方面。三峡工程显著改善了长江中游浅滩河段宜昌至重庆约660km的通航条件，促进了长江上游航道网建设。三峡船闸自2003年6月试通航至2020年年底，累计过闸货运量达15.38亿t，极大促进了西南腹地与沿海地区的物资交流，有力推动了长江经济带快速发展。

（4）水资源利用方面。三峡水库已成为我国重要的战略性淡水资源库。自2003年蓄水至2020年年底，三峡水库为长江中下游补水2267d，补水总量2894亿m^3。不仅增加了长江干流航道水深、提升了通航能力，还显著改善了长江中下游地区生产、生活和生态用水条件。

（二）库区管理

1. 管理体制

三峡库区管理实行水利部等国务院有关部门监督指导，湖北省、重庆市具体负责的管理体制。水利部职责包括：研究提出三峡水库管理的有关政策和制度，协调三峡水库运行的管理工作，组织协调三峡水库水、土（含消落区）、岸线等资源的可持续利用工作，开展对三峡水库资源开发利用和保护治理情况的综合监督检查，指导和组织协调与三峡水库相关的科研工作。湖北省、重庆市人民政府分别负责本行政区域有关三峡水库的管理工作，并落实综合管理部门，进行三峡水库的日常具体管理。

2. 统筹协调机制

为加强三峡水库的统一管理与综合协调，水利部三峡工程管理司与省（直辖市）水库管理机构协调建立了三峡水库管理联席会议制度；重庆市建立了市级三峡水库管理联席会议制度，探索形成了三峡水库管理的综合协调机制，初步形成了管理合力，提高了水库综合管理效率。

三峡水库管理联席会议做出的决定，由有关单位按照部门职能分工具体落实，执行中的问题由有关部门协调处理，重大问题由联席会议及时报告省（直辖市）人民政府领导协调处理。

3. 生态环境保护管理及其效果

对于库区生态环境保护管理，主要采取分项目负责和分地区负责相结合的管理模式，三峡集团公司负责枢纽工程区环境保护、地震监测和水库坝前漂浮物清理；水利部三峡工程管理司研究提出三峡后续工作规划调整完善的意见建议，负责组织规划实施的动态监测、中期评估和后评价工作，负责制订三峡后续工作年度实施意见，组织项目申报和合规性审核并监督检查项目实施情况；规划项目实施由湖北省和重庆市分区域负责；生态环境部负责库区污水及生活垃圾处理；自然资源部负责地质灾害监测与治理。

据三峡工程运行安全综合监测系统监测，水库库岸总体稳定，水库地震活动不明显，水库上游来沙呈减少趋势。

通过一系列生态环境建设与保护工程的实施，库区水土流失面积逐年减少，森林覆盖率逐年提高，三峡水库蓄退水过程，库区未发生重大地质灾害，实现了地质灾害人身“零伤亡”，水资源利用监管不断加强，实施珍稀鱼类和经济鱼类增殖放流，强力清理取缔网箱养鱼，三峡蓄水前后库区及坝下长江干流江段水质无明显变化，总体满足 GB 3838—2002《地表水环境质量标准》Ⅲ类标准。

四、水库运行管理取得的成效

三峡水库自 2003 年进行 135m 水位蓄水开始已连续运行 19 年，各有关部门和地区围绕建设期三峡水库管理目标任务，坚持目标导向和问题导向相结合，综合运用各种管理方法与措施，加强协调与监督，有效推进水库管理，取得了显著成效。

（一）保障水库综合效益持续发挥

水利部有效发挥综合协调和监督管理职能，三峡集团公司切实加强工程运行管理，保障三峡水库持续发挥防洪、发电、航运、水资源利用等巨大综合效益。自2003年水库蓄水至2020年年底，三峡水库累计拦蓄洪水61次，总蓄洪量1920亿m^3，防洪效益显著；三峡水电站作为我国重要的大型清洁能源生产基地，累计发电13992亿kW·h；三峡船闸持续高效运行，过闸货运量累计达15.38亿t；三峡水库作为我国重要的战略性淡水资源库，枯水期累计为下游补水2267d共计2894亿m^3，水资源利用效益显著。

（二）确保水库安全运行

修订完善《三峡（正常运行期）—葛洲坝水利枢纽梯级调度规程》，进一步优化三峡水库运行调度方案，促进水库科学管理和综合效益提升。加强三峡水库"四乱"清理和安全防护工作，强化对三峡水库库岸稳定、消落区管理、水质保护、漂浮物清理等方面的综合监管，积极推进三峡水库库区地质灾害防治和移民安置区高切坡防护工作维护了河湖健康，保障了库区地质安全；通过定期开展三峡水库运行安全检查，妥善处理对长江中下游的相关影响，调整建立三峡水库运行安全综合监测系统，有力促进了三峡水库运行安全，维护了长江中下游河势稳定。

（三）推进库区生态环境建设与保护

通过持续推进落实生态环境保护措施，三峡水库库区污染治理能力全面提升，生态屏障区城镇污水、垃圾处理设施实现全覆盖，大部分县区工业废水处理率超过95%。库区水环境质量稳中向好，干流水质总体保持在Ⅱ、Ⅲ类标准，部分支流富营养化趋势得到初步控制。水库消落区生态环境保留保护面积达162.55km^2，自然生态系统得以有效恢复，生态功能得到改善；岸线环境综合整治长度302.84km，巩固了拦污治污最后一道防线。库周生态保护带修复效果显著，生态屏障功能逐步显现，森林覆盖率达到50.51%。实施人工增殖放流1.3亿尾，库区及上游江段"四大家鱼"产卵规模呈现增长趋势，水生生境逐步恢复，水生态系统结构趋于稳定。持续推进三峡水库生态调度试验，促进了长江中下游鱼类繁殖和水生生态保护。

（四）推动库区稳定发展

通过大力实施三峡库区城镇移民小区综合帮扶和农村移民安置区精准帮扶，库区移民生活设施不断完善，城镇移民小区房屋完好率超过92%，公共服务设施覆盖率由10年前的72.7%提高到81.7%。出行条件不断改善，道路覆盖率由10年前的9.4%提高到12.8%。就业能力和收入稳步提升，通过库区产业扶持累计解决约30万人口就业问题，人均可支配收入持续增长。通过实施外迁移民安置区项目帮扶，改善当地生产生活条件，促进了三峡移民与当地居民的融合发展。把三峡移民信访工作作为重要政治任务，推行清单管理，逐级落实管理责任，有效化解矛盾纠纷，三峡移民信访稳定，情况良好。

第二章 三峡水库运行管理面临的新形势新要求及存在的主要问题

中国特色社会主义进入新时代，三峡水库运行管理的外部环境与内在要求发生了诸多变化。习近平总书记总体国家安全观和安全生产重要指示精神、“三新一高”战略部署、长江经济带发展等国家战略要求、新阶段水利高质量发展、三峡库区社会经济高质量发展等，都对新时期三峡水库运行管理提出新要求。本章在对新形势新要求进行研判的基础上，从管理体制机制、水库安全管理、水库调度运用、消落区管理、生态环境保护与修复五个方面，分析总结了新时期三峡水库运行管理存在的主要问题，为制定完善相关政策制度奠定基础。

一、面临的新形势新要求

（一）落实习近平总书记总体国家安全观和安全生产重要指示精神

围绕总体国家安全观和安全生产，习近平总书记发表了一系列重要论述，强调指出：国家安全是安邦定国的重要基石，维护国家安全是全国各族人民根本利益所在。必须坚持总体国家安全观，以人民安全为宗旨，以政治安全为根本，以经济安全为基础，以军事、文化、社会安全为保障，走出一条中国特色国家安全道路。全面贯彻落实总体国家安全观，必须坚持统筹发展和安全两件大事，既要善于运用发展成果夯实国家安全的实力基础，又要善于塑造有利于经济社会发展的安全环境。必须建立健全安全生产责任体系，强化企业主体责任落实，牢牢守住安全生产底线，切实维护人民群众生命财产安全。三峡工程运行管理安全关系到国家长治久安的政治和社会问题，受到国内外广泛关注，必须按照总体国家安全观，把统筹发展和安全放在首要位置，坚持底线思维，强化风险意识，强化水库运行安全管理。

统筹发展与安全，一方面，要加强三峡水库运行安全制度建设与研究，为长江流域高质量发展创造先决条件。需要综合考虑三峡工程枢纽建筑物安全、信息系统安全、库容安全、地质安全、水质安全、防洪安全、供水安全、航运安全、河道安全、生态安全等方面，明确当前和今后一个时期三峡工程运行安全管理工作的总体思路、基本原则、重点工作。另一方面，要以高质量发展促进三峡工程安全管理。发展是我们党执政兴国的第一要务，是解决中国所有问题的关键。管好用好三峡工程，实现长江流域高质量发展，才能助力国内经济大循环，提升抵御各类风险的能力，是贯彻国家总体安全观的重要体现。必须把国家安全贯穿到三峡工程运行管理工作的各方面，统筹谋划部署，坚持发展和安全并重，才能实现高质量发展和高水平安全的良性互动，推动高质量发展和高水平安全动态平衡。

（二）落实“三新一高”战略部署

为深入贯彻习近平总书记关于长江经济带发展和三峡工程的重要讲话指示批示精神，围绕立足新发展阶段、贯彻新发展理念、构建新发展格局和推动高质量发展对三峡工程提出了新的要求。

一是更好服务国家重大战略需要。三峡工程转入正常运行期，为保障三峡工程运行安全，持续发挥好“大国重器”作用，需要着眼大时空、统筹大系统、彰显大担当、确保大安全，深入研究确定三峡工程管理工作总体思路，明确应当遵循的基本原则，准确把握重点任务，建立从国家到地方层面的重大事项统筹协调机制。认真落实各项政策措施，充分发挥三峡工程惠民生、保安全、促发展功能作用，使三峡工程能够切实承担好国家使命，在服务长江经济带发展战略和促进国内国际双循环中作出新的更大贡献。

二是担负好三峡工程管理工作的新使命。根据水利部三峡后续工作会议精神，需要坚守安全底线，不断完善三峡水库运行管理制度，落实水库大坝安全管理责任，做好工程运行安全监测，推进数字孪生三峡建设，提升智慧化管理水平，确保三峡工程持续发挥巨大综合效益；要加强三峡水库库容保护，强化库区监督管理，严格消落区保护与管理，着力保障三峡水库运行安全；着力加强三峡库区生态环境保护、地质灾害防治和长江中下游相关影响处理，支持相关能力建设和重大问题研究。

三是更好发挥工程效益。三峡工程整体竣工验收后，工程全年运行情况良好，防洪、发电、航运、水资源利用等综合效益充分发挥。在“三新一高”背景下，对如何利用好三峡工程提出了新的要求。一方面，要进一步提升三峡工程通航能力，促进物流、人流、信息流的循环，提高服务国内大循环的能力和水平，在目前三峡新通道尚未落实的情况下，需要进一步提升三峡工程航运管理效率，完善通航保障制度研究；另一方面，随着水旱灾害等极端事件频发，为保障长江流域高质量发展，需要充分利用好三峡水库宝贵的库容，完善三峡水库生态调度、长江流域水库群联合调度等相关研究，更好发挥三峡工程在防汛抗旱、生态保护等方面的综合效益，真正用好管好三峡工程。

（三）落实长江经济带发展等国家战略要求

长江经济带以长江干支流为依托，覆盖云南、四川、重庆、贵州、湖南、湖北、江西、安徽、江苏、浙江、上海 11 个省（直辖市），总面积约为 205.23 万 km^2，人口数量、国内生产总值（GDP）占比均超过全国的 40%；横跨我国东、中、西三大区域，水、土、光、热等自然条件较好，经济基础雄厚、发展优势独特。长江经济带发展同京津冀协同发展、粤港澳大湾区建设、长三角一体化发展、黄河流域生态保护和高质量发展被列为五大国家战略。习近平总书记在 2018 年视察长江经济带时明确了“共抓大保护、不搞大开发”的指示，并要求“坚持把修复长江生态环境摆在推动长江经济带发展工作的重要位置”。《中华人民共和国长江保护法》规定：国务院有关部门会同长江流域有关省级人民政府加强对三峡库区消落区的生态环境保护和修复，因地制宜实施退耕还林还草还湿，禁止施用化肥、农药，科学调控水库水位，加强库区水土保持和地质灾害防治工作，保障消落区良好生态功能。

《长江经济带发展规划纲要》提出了“到 2030 年，水环境和水生态质量全面改善，生态系统功能显著增强，水脉畅通、功能完备的长江全流域黄金水道全面建成，创新型现代产业体系全面建立，上中下游一体化发展格局全面形成，生态环境更加美好、经济发展更具活力、人民生活更加殷实，在全国经济社会发展中发挥更加重要的示范引领和战略支撑作用”等任务目标。三峡工程是治理和保护长江的关键性骨干工程，在防洪、发电、航运、水资源利用、生态保护等保障和支撑长江经济带发展中具有重要地位和作用，需要建立一套完善、长效的安全运行机制，最大程度发挥工程综合效益，进一步提升长江流域水旱灾害防御、水资源统筹调配、生态环境保护、水资源战略储备、能源供应保障等各项能力。

（四）推进新阶段水利高质量发展

为推动新阶段水利高质量发展，水利部党组提出了要重点抓好完善流域防洪工程体系、实施国家水网重大工程、复苏河湖生态环境、推进智慧水利建设、建立健全节水制度政策和强化体制机制法治管理六条实施路径，具体涉及三峡工程，要着力加强三峡工程运行安全管理，把保障三峡水库库容安全管理放在重要位置，坚守安全风险底线，强化安全监督管理。推进三峡水库管理法制化建设，规范管理行为，确保三峡工程长期安全运行，持续发挥巨大综合效益。

2022 年全国水利工作会议上，水利部部长李国英要求健全工程建设管理和运行管护机制，着眼“大时空、大系统、大担当、大安全”，强化三峡工程自身安全以及防洪、供水、生态等功能安全管理。《水利部办公厅关于印发“十四五”时期实施国家水网重大工程实施方案的通知》要求协调推进三峡后续工程建设，扩大长江等重要流域水工程联合调度范围，结合防洪调度，开展水资源联合调度。在保障防洪安全的前提下，强化大型水库调度运用，促进供水效益最大化。

《加强三峡工程运行安全管理工作的指导意见》进一步明确，要充分发挥三峡工程防洪、发电、航运、水资源利用、生态环境保护等综合效益，今后一个时期三峡工程运行安全管理工作的重点任务包括：建立健全三峡工程运行安全长效机制，健全完善三峡工程运行管理政策法规，完善以三峡工程为核心的长江流域水工程联合调度机制，加强三峡工程运行安全综合监测，落实三峡水库管理和保护范围划界确权，加强相关重大问题研究。全面落实三峡工程运行安全管理措施。加强三峡枢纽工程运行安全管理，落实水库大坝安全责任制；加强三峡库区安全管理，有效保护库区生态环境和水质安全、库容安全；加强三峡水库消落区保护与管理，严禁违法利用、占用三峡水库岸线和一切可能造成消落区生态环境破坏、水土流失、水体污染的行为；加强三峡工程运行调度管理，严格遵循调度规程，坚决执行调度指令；加强信息系统安全和数字孪生三峡建设，强化三峡工程运行安全预报、预警、预演、预案措施，提升三峡库区水资源、水生态、水环境、水灾害及水域岸线等综合管理智慧化水平。

（五）促进三峡库区社会经济高质量发展

三峡水库是影响三峡库区社会经济高质量的核心节点工程，实现稳定和良性运行管理是湖北省和重庆市“十四五”期间完成目标任务的重要保障。水利部、国家发展改革委联合印发《全国对口支援三峡库区合作规划（2021—2025 年）》（以下简称《合作规划》），提出了“十四五”时期全国对口支援三峡库区合作工作的主要目标。湖北省、重庆市也印发了本地国民经济和社会发展第十四个五年规划和二〇三五年远景目标纲要，提出了三峡库区社会经济高质量发展主要目标任务，《成渝地区双城经济圈建设规划纲要》对三峡库区社会经济发展提出主要目标任务。上述要求均对三峡水库运行管理提出更高要求。

《合作规划》明确，“十四五”时期全国对口支援三峡库区合作工作主要目标是：库区脱贫攻坚成果进一步巩固拓展，库区生态优先、绿色发展取得显著成效，库区基本公共服务达到全国平均水平，库区居民生活水平明显提高，库区社会更加和谐稳定。重点任务包括五个方面：一是加强生态保护和环境治理；二是支持产业高质量发展；三是提高基本公共服务和民生保障能力；四是推进库区城乡区域协调发展；五是提升库区对外开放合作水平。

湖北省、重庆市第十四个五年规划和二〇三五年远景目标纲要明确：湖北省在区域合作方面，推进淮河生态经济带、三峡生态经济合作区、洞庭湖生态经济区协同发展；能源供应方面，努力提高三峡电能湖北消纳比例，优化三峡近区电网，建设三峡翻坝运输成品油管道、监利—潜江输油管道，新增油气管道里程 1500km；防洪减灾方面，继续实施三峡后续工作规划河势控制及岸坡治理工程；信息化方面，发挥三峡地区清洁电能、安全区位等优势，支持宜昌建设区域数据中心集群和智能计算中心；生态保护方面，推进三峡库区、丹江口库区、神农架林区等重点生态功能区的保护和管理，推进三峡地区、丹江口库区等山水林田湖草生态保护修复工程试点，以三峡库区及周边为重点，实施天然林保护、公益林建设、土地综合整治、水土流失治理等工程。

重庆市支持万州建设成为三峡库区经济中心和渝东北区域中心城市，推动万州、开州、云阳同城化发展，打造三峡库区核心增长极。区域经济发展方面，支持奉节、巫山、巫溪建设长江三峡黄金三角文旅协同发展示范区，一体化发展“大文旅大康养经济”。支持武隆、南川毗邻地区协同发展，规划启动“凤来新城”。航运旅游文化方面，提升长江黄金水道能级，推动实施三峡水运新通道工程。共同保护传承弘扬长江文化，提升长江三峡国际旅游品牌影响力。生态环境保护方面，加强三峡库区等国家重要生态功能区建设，以渝东北三峡库区核心区、渝东南乌江下游区域为重点，分区分阶段推进全域生态修复，试点推进生态敏感区生态搬迁。强化三峡库区、重要水源地、人口密集场所周边地灾隐患点综合治理。地质灾害防治方面，实施三峡库区消落区地质安全治理工程，对重大地质灾害隐患实施综合治理。

《成渝地区双城经济圈建设规划纲要》提出加大对重点流域、三峡库区“共抓大保护”项目支持力度，实施“两岸青山・千里林带”等生态治理工程。强化周边地区生态系统保护和治理，加强三峡库区小流域和坡耕地水土流失综合治理，实施三峡库区消落区治理和岩溶地区石漠化综合治理。加强三峡库区入库水污染联合防治，加快长江入河排污口整改提升，统筹规划建设港口船舶污染物接收、转运及处置设施，推进水域“清漂”联动。支持万州及渝东北地区探索三峡绿色发展新模式，在生态产品价值实现、生态保护和补偿、绿色金融等领域先行先试、尽快突破，引导人口和产业向城镇化地区集聚，走出整体保护与局部开发平衡互促新路径，保护好三峡库区和长江母亲河。

二、存在的主要问题

三峡水库管理取得了显著成效，但与面临的新形势、新要求相比，在管理体制机制、水库安全管理、水库调度运用、消落区管理、生态环境保护与修复等方面，仍然存在着一些差距，现行的管理制度体系尚待进一步完善。

（一）管理体制机制方面

1. 水库管理职责需进一步明确

关于三峡水库管理体制及管理职责划分，目前的主要政策依据有《国务院办公厅关于加强三峡工程建设期三峡水库管理的通知》、水利部“三定”方案和《三峡水库调度和库区水资源与河道管理办法》等。通知明确了建设期三峡水库管理体制，即“中央统一领导，国务院有关部门监督指导，湖北省、重庆市具体负责”的体制，对国务院三峡办及有关部门、湖北省、重庆市、三峡集团公司的管理职责进行了规定。自 2020 年 11 月，三峡工程已进入正常运行期，2018 年国务院机构改革，三峡办已并入水利部。按照水利部“三定”方案，水利部具体职责为：组织提出并协调落实三峡工程运行的有关政策措施，指导监督工程安全运行。《三峡水库调度和库区水资源与河道管理办法》作为水利部门规章，对水库调度和库区水资源与河道管理工作体制进行了规定，明确了水利部、长江水利委员会、湖北省和重庆市县级以上水行政主管部门，以及县级以上有关部门的管理职责。

随着三峡工程进入全面运行管理期，水库运行管理进入常态化，建设期管理体制已不再完全适用。三峡水库运行管理涉及区域范围广，不仅涉及库区湖北省、重庆市，还涉及上游水源区和对下游的影响，甚至事关整个长江流域；管理内容繁杂，不仅涉及水资源管理，还涉及土地、林草、水产、生物、旅游等资源管理，不仅涉及各类资源的开发利用，还涉及各类资源和生态环境的保护与修复；关联部门及单位多，不仅涉及水利、自然资源、交通运输、生态环境、农业农村、住房和城乡建设、发展改革等多个部门和行业，还涉及流域管理机构、水库管理单位以及库区相关企事业单位等；利益关系复杂，既涉及中央与地方、流域与区域、各相关部门之间，也涉及流域上下游区域之间，还涉及水库管理单位与相关地方之间关系等。为满足水库综合管理需要，亟须根据水利部“三定”方案及水库管理面临的新形势、新要求，以法规形式明确运行期三峡水库管理体制，进一步细化包括中央政府与地方政府、水利及相关部门、流域管理机构及运行管理单位等相关各方的管理权限和责任，特别是在水库安全管理、消落区管理、生态环境保护与修复等方面的职责，避免多头管理，职能交叉，构建起符合三峡水库特点、精简高效的水库管理体制，切实落实相关各方管理责任，为水库的长期安全运行和综合效益的充分发挥提供体制保障。

2. 水库管理协调机制待完善

针对三峡水库统筹管理需要，目前在三峡水库库区，虽然已经建立了水利部三峡工程管理司，湖北省、重庆市水行政及相关部门联席会议等协调机制，取得了一定的成效，但在具体的操作实践中仍存在一些问题，管理的有效性还存在不足，难以满足新形势下水库综合管理需要。而且，《中华人民共和国长江保护法》已明确，国家建立长江流域协调机制；中共中央办公厅、国务院办公厅印发的《关于全面推行河长制的意见》《关于在湖泊实施湖长制的指导意见》，明确全面实行河长制、湖长制。

三峡工程作为长江流域控制性骨干工程，三峡水库作为长江流域最大的河道型水库，在长江大保护和流域经济社会发展中具有十分重要地位和作用。为加强水库统筹管理，下一步制度建设需要与长江流域协调机制、河湖长制等相衔接，进一步完善三峡水库管理协调机制，特别是要进一步加强对库区生态环境保护、生态补偿机制建立、库区经济社会发展等重大问题进行协商、沟通和协调，加强和完善监督管理、监督执法快速反应、水污染事故应急响应等机制。

（二）水库安全管理方面

1. 枢纽工程安全管理需进一步加强

目前，三峡水利枢纽工程安全管理的法规依据除《中华人民共和国水法》《水库大坝安全管理条例》外，主要是国务院于 2013 年 9 月颁布的《长江三峡水利枢纽安全保卫条例》，明确了从中央、湖北省、宜昌市到三峡枢纽运行管理单位的四级安保工作协调机制和各方职责，为维护枢纽工程安全提供了有力的法制保障。但从三峡工程面临的新形势新要求来看，还存在着协调机制待完善、枢纽整体安全性需进一步提高、风险防控需求与能力尚不完全匹配等问题，特别是在危险化学品（简称危化品）过闸管理、专用公路安全等方面，还存在着差距与不足。

危化品过闸管理方面，随着长江上游及沿江地区经济发展，对石油、天然气及其制品等工业消费品的需求快速增长，三峡船闸危化品过闸安全管理压力逐年增大。为确保三峡船闸危化品运输安全，三峡通航管理部门先后制定了《三峡河段载运危险品船舶通航组织管理办法》《化学危险品管理规定》《三峡船闸火灾应急预案》等规章制度，建立了危险品船舶过坝运输通航维护管理协调机制。但目前仍存在着管理制度和协调机制不完善、管理手段和措施不足、管理不到位等问题，安全隐患突出。

专用公路安全方面，三峡专用公路设计日交通量为9000辆，冯家湾入口通行能力为600辆/h。随着地方经济的快速发展，当前三峡专用公路日均交通流量已经超过1.2万辆，五一、国庆等旅游高峰更是高达每天3万辆，且呈快速增长态势，尤其是冯家湾入口的堵车问题日趋严重，交通安全保卫压力持续增大。

针对枢纽工程安全存在的突出问题，需以有利于统筹协调、有利于工程整体安全、有利于提高风险防控能力为目标，制订出台更为细化的配套制度，进一步完善协作机制，切实落实水库大坝安全责任制，提高各类风险防控能力，为确保枢纽工程安全提供更加有力的制度保障。

2. 水库管理和保护范围亟待明确

划定水库管理与保护范围，是加强水库管理的重要基础工作，是厘清管理边界、规范水库管理、确保水库安全运行和效益充分发挥的重要抓手。《中华人民共和国水法》明确：国务院水行政主管部门或者流域管理机构管理的水工程，由主管部门或者流域管理机构商有关省、自治区、直辖市人民政府划定工程管理和保护范围。《中华人民共和国长江保护法》规定：长江流域县级以上地方人民政府负责划定河道、湖泊管理范围，并向社会公告。《三峡水库调度和库区水资源与河道管理办法》明确：长江水利委员会应当按照有关规定，商重庆市和湖北省人民政府划定三峡水库管理和保护范围。由于三峡水库面积广，涉及湖北省、重庆市，管理与保护范围划界情况复杂，目前尚未开展有关工作，需尽快协调落实。

3. 库容安全保护工作需进一步加强

三峡水库作为最大的河道型水库，河道管理与库容保护关系十分密切。《中华人民共和国河道管理条例》《长江河道采砂管理条例》《三峡水库调度和库区水资源与河道管理办法》等确立了涉河建设项目审批、河道采砂许可、水库岸线利用管理等制度，对水库管理和保护范围内的禁止行为等进行了规定，为保护水库库容安全提供了制度保障。但由于三峡库区范围大，且主要由地方管理，目前仍存在着管理制度不完善、管理手段落后、管理不及时等问题，特别是库区岸线利用管理、消落区土地利用管理方面，问题较为突出，地方建设挤占水库库容的行为时有发生。同时，《中华人民共和国长江保护法》对长江流域岸线管理提出了更加严格的要求，明确了特殊管制制度，提出了划定岸线保护范围、制定岸线保护规划和修复规范、确定岸线修复指标等具体要求，这也对库区岸线管理提出了更高要求。

4. 水质安全保护制度待完善

目前，三峡水库水质保护的法规依据除《中华人民共和国水法》《中华人民共和国环境保护法》《中华人民共和国水污染防治法》等普适性法律外，还有地方性法规《湖北省水污染防治条例》《重庆市长江三峡水库库区及流域水污染防治条例》和水利部规章《三峡水库调度与库区水资源与河道管理办法》，以及国务院文件《关于加强三峡工程建设期三峡水库管理的通知》等，为三峡水库水质保护管理提供了良好的法制基础。但由于立法背景、立法技术及法规层级等多方面因素的制约，三峡水库水质保护制度的不足和缺陷也较明显，如《中华人民共和国水法》中关于水资源保护的法律规定缺乏可操作性的条款；《中华人民共和国水法》与《中华人民共和国水污染防治法》之间的协调性存在较多的问题，主要表现在管理体制没有理顺，一些工作关系不完全符合客观规律，部门立法的痕迹较浓厚；《中华人民共和国水法》与《中华人民共和国环境保护法》也存在适应性问题。

上述问题产生的主要原因，一是现有的环境法律、法规主要是针对城市和工业，而对水库水质保护缺乏全面、细致、明确的规定；二是现有环保法律、法规多禁止性、限制性规定，而鼓励性、疏导性的规定少，且过于原则化，难以适应新发展阶段三峡水库水质保护管理的需要。目前，三峡水库水质总体保持在Ⅱ、Ⅲ类标准，但重要支流治理工作进展缓慢，部分支流河段富营养化问题尚未得到明显改善。另外，《中华人民共和国长江保护法》的实施，对三峡水库水质保护提出了新要求：对磷矿、磷肥生产集中的长江干支流，有关省级人民政府应当制订更加严格的总磷排放管控要求，有效控制总磷排放总量；国家建立长江流域危险货物运输船舶污染责任保险与财务担保相结合机制；禁止在长江流域水上运输剧毒化学品和国家规定禁止通过内河运输的其他危险化学品等。要求与《中华人民共和国长江保护法》相关规定相衔接，进一步完善三峡水库水质保护制度。

5. 水库管理信息化智慧化建设需持续推进

建立健全水利管理信息化智慧化管理体系，实现水利管理与新一代科学智能信息技术深度融合，提升水利管理信息化智能化监管和科学决策水平，是支撑和保障水利工程安全运行和效益充分发挥的重要技术手段。“十四五”水安全保障规划提出，要加强智慧水利建设，提升数字化网络化智能化水平。按照“强感知、增智慧、促应用”的思路，加强水安全感知能力建设，畅通水利信息网，强化水利网络安全保障，推进水利工程智能化改造，加快水利数字化转型，构建数字化、网络化、智能化的智慧水利体系。

三峡水库管理涉及枢纽工程管理和库区管理，涉及水、土、林、草、水产、生物、旅游等多种资源管理，涉及防洪、发电、航运、供水、生态等多项功能目标的协调，要求在水库运行管理中充分运用新一代科学智能信息技术，持续推进水库管理信息化、智能化建设，不断完善水库管理信息化、智慧化管理体系，提升水库管理数字化网络化智能化水平，以实现对庞大繁杂

的水库管理体系的有序集束，实现科学化精细化管理，为长江流域生态环境保护、生态调度和水库综合效益的充分发挥提供强有力的技术支撑。

6. 标准化管理工作需加强

推行水利工程标准化管理，对保障水利工程安全运行和效益持续发挥具有重要作用。2022 年 3 月，水利部印发《关于推进水利工程标准化管理的指导意见》《水利工程标准化管理评价办法》和《大中型水库工程标准化管理评价标准》等，要求 2025 年年底前，除尚未实施除险加固的病险工程外，大中型水库全面实现标准化管理，并从工程状况、安全管理、运行管护、管理保障和信息化建设等方面，对水利工程全过程标准化管理提出具体要求。同时，明确要求水管单位根据省级水行政主管部门或流域管理机构制定的标准化工作手册示范文本，编制所辖工程的标准化工作手册，针对工程特点，理清管理事项、确定管理标准、规范管理程序、科学定岗定员、建立激励机制、严格考核评价。

针对水利工程标准化管理这一新要求，下一步三峡水库管理制度体系建设需在现有水库管理制度和标准体系建设的基础上，对照相关政策要求，查找分析在管理标准化方面存在的不足与差距，针对三峡水库特点，进一步理清管理事项，健全完善相关管理制度和标准，为三峡水库标准化管理提供基础和保障。

（三）水库调度运用方面

为加强三峡水库调度管理，水利部于 2008 年印发《三峡水库调度和库区水资源与河道管理办法》，2017 年进行了修正。该办法明确了水库调度管理体制、调度依据和调度计划批准程序等，为水库防洪调度和水量调度提供了制度保障。2015 年水利部批复《三峡（正常运行期）—葛洲坝水利枢纽梯级调度规程》，2019 年进行了修正，为三峡水库调度提供了技术规范。进入新发展阶段，三峡水库调度运用存在的问题主要表现在以下两个方面。

1. 流域水库群联合优化调度统筹机制需进一步完善

自 2012 年长江流域水库群联合调度方案正式批复以来，通过实施水库群联合调度，为战胜流域性洪水、旱情等提供了重要保障。三峡工程建成运用以来，长江上游干支流又先后建设了向家坝、溪洛渡、乌东德、白鹤滩等多座大中型水利水电工程，基本形成了以三峡工程为核心、控制性水利工程为骨干的联合防御体系。目前，长江流域已有 101 座水工程纳入流域联合调度范围，其中控制性水库 41 座，总防洪库容约 598 亿 m^3。三峡水库调度必须站在全流域水利水电工程体系的“大系统”中，做好统筹协调，进行系统优化，实现联合调度，从而有效发挥以三峡工程为核心的水库群的系统作用，更好地保障整个长江流域的防洪安全。这要求在深入开展以三峡水库为核心的流域控制性水库群联合调度研究、不断优化联合调度方案的基础上，健全完善水库群联合调度统筹机制。

2. 水库生态调度和多目标优化调度制度需完善

目前，水库调度主要是围绕防洪、发电、供水、航运等综合利用效益进行。按照防洪法的要求，汛期水库调度机制较为顺畅，其他调度都服从防洪调度，但是在非汛期，如何协调防洪、发电、航运、供水、生态等多目标要求，处理、协调好防洪和兴利的矛盾以及兴利任务之间的利益，是下一步需要重点解决的问题。此外，《中华人民共和国长江保护法》明确要求，长江干流、重要支流和重要湖泊上游的水利水电、航运枢纽等工程应当将生态用水调度纳入日常运行调度规程，建立常规生态调度机制，保证河湖生态流量。目前，三峡水库调度对下游生态保护和库区水环境保护的影响，仍在持续深化研究，尚未形成较为稳定的生态调度机制。

（四）消落区管理方面

目前，三峡水库消落区管理的主要法规政策，国家层面有《长江三峡工程建设移民条例》《国务院办公厅关于加强三峡工程建设期三峡水库管理的通知》等；部门层面有水利部《三峡水库调度与库区水资源与河道管理办法》；地方层面有《重庆市三峡水库消落区管理暂行办法》《重庆市三峡水库消落区管理暂行办法实施细则》《湖北省人民政府办公厅关于加强三峡水库消落区管理的通知》，以及库区秭归、奉节、云阳、万州、开州、石柱、丰都、涪陵、长寿、渝北等区（县）消落区管理实施细则等。同时，重庆市、湖北省及库区各区（县）在消落区管理实践中不断探索，确立了联席会议机制、联合巡库机制、联合执法机制、信息报送机制和督查督办机制等消落区的协同治理机制。这些相关法规政策文件的出台及实践探索形成的协同治理机制，为规范和加强消落区管理提供了保障。

但总体来说，国家和部门层面的相关规定较笼统，可操作性不强，地方层面的政策规定与国家层面的政策规定存在冲突和不一致。主要表现如下。管理主体上，《长江三峡工程建设移民条例》规定为“三峡水利枢纽管理单位”，重庆市、湖北省规定为“属地的三峡水库管理部门”。管控要求上，重庆市规定禁止使用有污染的农药、化肥，这明显与《长江保护法》规定的“禁止在三峡库区消落区施用化肥、农药”不一致；重庆、湖北对消落区的农业种植行为管理也不尽统一，湖北省较重庆市更加严格。另外，地方在消落区管理实践中探索建立的协作机制仍存在时效性较差、权威性不够、部门之间相互推诿的现象。这些问题导致库区消落区利用管理力度不足，乱占滥用消落区土地的现象时有发生，从而影响消落区生态环境保护及正常开发利用，消落区生态修复与保护存在诸多薄弱环节。

（五）生态环境保护与修复方面

目前，关于三峡水库生态环境保护与修复的依据除《中华人民共和国环境保护法》《中华人民共和国水土保持法》等普适性法律外，主要是《国务院办公厅关于加强三峡工程建设期三峡水库管理的通知》这一文件，对库区水土流失治理、防护林和城镇绿地建设、地质灾害防治、生态农业建设等提出了要求，不仅法律效力低，而且大都是原则性规定，可操作性不强。随着水库进入正常运行期，其适用性也存在疑问。此外，《中华人民共和国长江保护法》对长江流域生态环境修复做出了明确规定，如国家对长江流域生态系统实行自然恢复为主、自然恢复与人工修复相结合的系统治理；对长江流域重点水域实行严格捕捞管理；对长江流域国土空间实施用途管制；对长江干流和重要支流源头实行严格保护，设立国家公园等自然保护地，保护国家生态安全屏障；加强对三峡库区、丹江口库区等重点库区消落区的生态环境保护和修复，因地制宜实施退耕还林还草还湿，禁止施用化肥、农药，科学调控水库水位，加强库区水土保持和地质灾害防治工作，保障消落区良好生态功能等。这些都是对健全完善三峡水库生态环境保护与修复制度提出的明确要求。

第三章 典型水库运行管理经验借鉴

一直以来，水利部和地方各级党委政府都高度重视重大水利枢纽运行管理，开展了一系列制度建设和管理实践探索，积累了相关典型经验，可为三峡水库运行管理保障制度体系建设提供参考。丹江口水库是汉江控制性大型骨干工程，也是南水北调中线工程水源地；小浪底水利枢纽是黄河干流三门峡以下唯一能够取得较大库容的控制性工程，社会效益、经济效益和生态效益十分突出；新安江水库（水电站）是我国第一座自主勘测、设计、施工的大型水电站，水库管理与保护经验丰富。本章选择丹江口水库、小浪底水库、新安江水库等典型水库开展典型经验借鉴，梳理总结大型水库在管理体制、运行机制、安全保障措施等方面的主要做法和实践经验相关情况，得出可资借鉴的经验与启示。

一、典型水库运行管理主要做法

（一）丹江口水库

1. 管理体制

2020 年，水利部颁布《关于丹江口水库管理工作的实施意见》（水政法〔2020〕305 号），规定了水库管理保护责任，明确了行政管理职责。

长江水利委员会承担丹江口水库枢纽工程安全与防洪调度、水量调度、应急调度的行政管理职责，按照法律、行政法规规定和水利部授权负责库区河道、水资源等管理和监督工作。库区有关地方人民政府水行政主管部门按照规定的权限，负责本行政区域内库区河道、水资源等管理和监督工作。

汉江集团[1]和南水北调中线水源有限责任公司作为丹江口水库管理单位，负责工程的运行和保护，按照水利部或者长江水利委员会的指令实施防洪调度、水量调度和应急调度，组织对枢纽工程和库区的日常巡查、安全监测和维修养护，及时发现、报告水事违法行为，配合库区周边市县开展涉水法制宣传教育和贯彻落实。

2. 沟通协调机制

实行丹江口水库水行政执法联席会议制度，形成库区水行政执法长效机制。2014 年 8 月，由长江水利委员会发起，联合陕西、湖北、河南 3 省水利厅以及汉中、安康、商洛、十堰、南阳等 5 市人民政府建立了丹江口水库水行政执法联席会议制度。主要职责包括：协调、会商有关丹江口水库水行政执法的重大问题，审议、批准联动会商各项工作制度，研究部署丹江口水库水行政联合执法工作，以及通报省际重大水事违法案件等。其中，长江水利委员会水政监察总队、3 省水政监察总队，以及 5 市水行政主管部门的负责人为联席会议联络员，负责联席会议日常工作，落实会议相关决议，并组织相关部门开展日常巡查、定期排查、联合调查等联动会商工作，并负责督办落实到位。

2021 年 11 月 25 日，水利部长江水利委员会在南阳市召开 2021 年度丹江口水库水行政执法联席会议，长江水利委员会政法局通报了丹江口水库及上游水行政执法工作情况，生态环境部长江局介绍了丹江口水库生态环境监督工作情况，河南、陕西、湖北 3 省水利厅和南阳、汉中、安康、商洛、十堰 5 市水利局作交流发言。

丹江口水库联合执法机制加强了库区执法信息共享、完善了执法联动和司法协作、健全了多部门跨行政区协作，以监管合力严厉打击库区各类违法违规行为，对切实维护库区良好的水事秩序、保护库区水生态环境具有重要作用。

3. 联合调度运行

（1）实施以丹江口水库为核心的汉江上游水库群联合调度机制。2012 年国家防汛抗旱总指挥部批复长江防总组织编制的《汉江洪水与水量调度方案》，明确提出了根据流域防洪需要，并且汉江干支流石泉、安康、蔺河口、潘口、黄龙滩等水库在保障自身防洪任务及枢纽工程安全的前提下，与丹江口水库联合调度，减轻汉江中下游防洪压力。

2013 年，长江水利委员会组织编制的《汉江干流梯级及跨流域调水工程

---

[1] 汉江集团是以汉江水利水电（集团）有限责任公司（水利部丹江口水利枢纽管理局）为核心，由 30 余家全资、控股、参股企业组成的大型企业集团。

联合调度方案》明确以丹江口水库为核心，干支流其他水库相配合进行水量调蓄，通过实施水库群联合调度，提高供水对象的供水保证程度。

2017年，国家防汛抗旱总指挥部批复了修订后的《汉江洪水与水量调度方案》，实施以丹江口水库为核心的汉江上游水库群联合调度，增强汉江流域整体防洪抗旱能力，提高水资源综合利用效率，该机制在汉江秋季洪水调度、蓄水调度、应急调度等方面发挥显著成效。

（2）汉江秋季洪水调度。2021年汉江秋汛期间，长江水利委员会统筹考虑汉江上下游防洪需求，共向陕西、湖北、河南等省发出加强防御工作的各类通知8个，下发调度令47个，联合调度丹江口和石泉、安康、潘口、黄龙滩、鸭河口等干支流控制性水库拦洪削峰错峰，累计拦洪总量145亿m^3（其中丹江口水库累计拦蓄洪水约98.6亿m^3），同时加大南水北调中线一期工程供水流量，有效应对了汉江7次较大洪水过程。通过联合调度，以丹江口水库为核心的汉江流域控制性水库群，有效降低汉江中下游干流洪峰水位1.5～3.5m，缩短超警天数8～14d，避免了丹江口以下河段超保证水位和杜家台蓄滞洪区分洪运用。

（3）蓄水调度。2021年8—10月上旬，在丹江口水库蓄水过程中，统筹防洪、供水等兴利需求，以避免汉江中下游水位超警和丹江口水库蓄至正常蓄水位170m为目标，根据水文气象滚动实时预报和上游水库调度运行情况，每日滚动会商研判，按照调度目标和分阶段方案，实时动态调整丹江口水库出库流量。丹江口水库实现自2013年水库大坝工程加高完成以来第1次蓄至正常蓄水位，为保障冬春供水、生态、发电、航运以及南水北调中线工程等综合用水奠定了坚实基础。

（4）应急调度。2021年1月中旬，汉江中下游疑似发生水华。长江水利委员会及时组织开展现场调查、应急监测、会商研判，制订了应急调度方案，强化了应急统一调度工作，会同湖北省水利厅组织开展兴隆枢纽、引江济汉工程、丹江口水库和其他水工程配合的联合应急调度。调度丹江口水库于1月24日开始将日均下泄流量自620m^3/s加大至800m^3/s，同步调度崔家营、王甫洲等工程配合增加水库下泄流量，进一步改善汉江中下游水体水动力学条件和污染物浓度指标。至1月29日，汉江中下游主要控制断面均达到“无明显水华”标准，有效保障了汉江中下游近40万人的供水安全。

4. 各类安全保障

2021年以来，坚持统筹发展和安全，依托河湖长制，对丹江口水库水域岸线存在的突出问题进行全面排查，开展清理整治，切实维护南水北调工程安全、防洪安全、水质安全、供水安全与生态环境安全，做好库区受蓄水影响地质灾害监测和地震监测，加强水域、岸线巡查管理，强化安全保卫。

（1）强化工程安全。丹江口水库枢纽工程管理严格落实大坝安全责任制、安全生产责任制，完善内部规章制度，接受长江水利委员会年度工程管理千分制考核。严格按照规程规范和设计要求，采取人工监测与自动化监测相结合的方式开展安全监测和巡查，做好设备维护，保障各种监测巡查的质量和频次，实现监测巡查全覆盖，对枢纽工程重点部位采取加强措施。对于监测、巡查发现的问题，现场管理人员按照程序及时上报，丹江口水库管理单位及时研究处理。

（2）确保防洪安全。长江水利委员会会同3省有关地方水行政主管部门，加强对丹江口水库及其上下游河道的洪水监测预报预警；及时发布汛情通报，提醒库区及下游有关地方人民政府密切关注水雨情变化；统筹考虑枢纽安全、汉江中下游防洪供水需求、南水北调中线工程供水需求，组织实施汛期水库调度，及时精准调整丹江口水库下泄水量。丹江口水库管理单位根据枢纽运行情况开展维修养护作业，重点做好防汛设备例行维护、缺陷与隐患的检查和处理，保证防汛设备完好率达到100%并安全运行，确保第一时间严格执行防汛指令，保障枢纽防洪度汛安全。在汛前、汛后做好枢纽年度详查工作，及时下发隐患整改通报，在主汛期前督促完成整改或做好应急措施。

（3）确保水质安全。中线水源公司建成了丹江口库区水质监测站网和中心实验室，常态情况下，自动监测站仪器设备的监测频率为每4h一次，对相应断面的库区水样进行自动采样和监测分析，检测结果通过无线网络自动发送至信息化平台。每月开展32个断面（库内16个重要断面及16条入库支流河口断面）常规24项、补充5项检测，每年2次对汉库中心、丹库中心、陶岔、台子山4个断面进行109项分析检测，编报水质监测月报、年报，并与相关单位共享。同时，编制应急监测预案，开展年度应急监测演练，提高应急处置能力。2020年年初，为应对新冠疫情，加密了应急监测频次，还增加了余氯、生物毒性2项检测指标，有效保障中线水源水质安全。

（4）确保供水安全。根据《关于丹江口水库管理工作的实施意见》（水政法〔2020〕305号），在丹江口库区从事水资源开发利用活动，应当符合法律法规关于水质保障的规定，确保南水北调中线工程供水安全。库区禁止餐饮等经营活动。库区有关地方人民政府严格控制人工养殖的规模、品种和密度，防止网箱养殖、围网养殖设施反弹回潮；依法划定饮用水水源保护区，设立明确的地理界标和明显的警示标志，加强水资源保护、水污染治理和生态保护与修复；建立饮用水水源保护巡查制度，落实巡查责任。长江水利委员会在取水口及主要支流入口安装水质在线监测设施和视频监控设施，及时向有关地方人民政府通报丹江口水库水源地存在的风险和隐患。

（5）强化生态环境安全。根据《关于丹江口水库管理工作的实施意见》

(水政法〔2020〕305号),丹江口库区有关各级水行政主管部门加强库区水土流失预防、治理及水土保持监督管理,对水土流失状况进行动态监测。生产建设项目选址、选线避让库区;无法避让的,水土流失防治措施应当适用或者优于一级标准;严格限制从事可能造成水土流失的其他生产建设活动。对规模化种植经果林的,严格采取水土保持措施,防止造成水土流失。库区营造植物保护带,禁止开垦、开发植物保护带。在丹江口水库上游水源区大力推进清洁小流域建设。

(6)做好库区受蓄水影响地质灾害监测和地震监测。在工程建设期国家陆续批复了河南、湖北2省库区地质灾害紧急和应急项目11个,对45处隐患点开展日常监测分析及群测群防工作,并及时与库周地方共享信息。近年来,对监测发现的3处地灾隐患点及时进行了应急处置。丹江口水库管理单位在库区新建了水库蓄水诱发地震监测系统,及时做好库周地震实时监测和综合分析研判。组织制定了水库诱发地震应急预案,每年会同湖北、河南、陕西3省地震部门开展联合应急演练,确保切实做好灾害应对处置相关工作。

(7)加强水域、岸线巡查管理。丹江口水库管理单位制定了丹江口水库巡查制度,采用无人机巡查、卫星遥感影像解译分析等技术手段,自主开展或联合库周地方河长办开展常态化巡查,全力做好库区水域、岸线、消落区等巡查工作,积极当好长江水利委员会水库管理的"哨兵"和"耳目",并配合长江水利委员会职能部门开展水库水行政执法工作。

(8)强化安全保卫。长江水利委员会组织开展丹江口水库枢纽工程及重要水源地安全保卫政策研究,根据国家反恐、公共安全、突发事件应对等法律法规规定,研究提出加强丹江口水库安全保卫的建议方案。长江水利委员会及丹江口水库管理单位配合地方人民政府落实安全保卫措施,支持人民武装警察部队按照《中华人民共和国人民武装警察法》有关规定对丹江口水库核心要害部位执行安全保卫任务。

5. 水流产权试点

2016年11月,水利部、原国土资源部联合印发的《水流产权确权试点方案》(水规计〔2016〕397号文),明确在丹江口水库开展水域、岸线等水生态空间确权试点,由水利部长江水利委员会组织实施。长江水利委员会印发的《丹江口水库水流产权确权试点实施方案》(以下简称《实施方案》),明确以丹江口水库管理范围作为试点范围,涉及湖北省十堰市的丹江口市、武当山特区、郧阳区、郧西县、张湾区和河南省南阳市的淅川县等6个县(市、区)。

根据《实施方案》,丹江口水库水域、岸线等水生态空间试点包括"调、划、确、登、管"五大工作任务。

(1) 全面调查丹江口水库管理范围内水域、岸线等水生态空间的基本情况。通过正射影像图生产和遥感解译、基础资料收集与整理和消落区及孤岛土地调查、岸线利用现状调查，编制完成了《丹江口水库水域、岸线基本情况调查报告》，完成了数据共享平台与丹江口水库“水流产权确权一张图”建设。

(2) 以丹江口水库管理范围为基础，划定丹江口水库水域、岸线等水生态空间范围，编制了边界线专题分析报告与划界工作方案，库区县级人民政府发布了划界成果公告，实施了界桩和标识牌的测设与普查工作。

(3) 按照不动产登记和自然资产确权登记有关规定，开展试点范围内的水域、岸线等水生态空间确权登记工作。明确登记单元与登记机构，编制确权登记工作方案，完成水生态空间权属确认工作。经统计，水生态空间范围线内达成共识部分约 153.94 万亩，未达成共识部分约 4.94 万亩，确权面积约为水生态空间总面积的 97%。

(4) 根据水域、岸线确权成果，提出保护水域、岸线等水生态空间和加强监管的措施。编制完成了《丹江口水库水域、岸线保护管理方案》，研究制定了加强水域、岸线保护和监管相关制度，包括《丹江口水库水域、岸线巡查报告制度》《丹江口水库水域、岸线利用管理规定》和《丹江口水库管理办法》等。

(5) 建立丹江口水库联合监管机制，逐步建立完善水域、岸线等水生态空间管理制度。建立水域、岸线用途管制制度和有偿使用制度，完善水域、岸线水生态空间的监管，维护水域、岸线空间和生态安全。

6. 信息化

丹江口水库致力于打造数字库区、智慧水源，加强丹江口水利枢纽和丹江口库区的数字化建设，建设“数字孪生丹江口”，全面提升丹江口水库的信息化管理能力。

(1) 建设数字孪生丹江口。按照水利部关于数字孪生流域、数字孪生工程以及数据融合共享等方面的标准规范要求，全面整合汉江集团水利信息化建设成果，加强丹江口水利枢纽和丹江口库区的数字化建设，搭建数字孪生平台，夯实信息基础设施，提升业务应用智能化水平，推进数字孪生丹江口建设，构建工程“四预”智慧体系，实现数字工程与物理工程同步仿真运行，提升工程安全高效稳定运行水平，提高丹江口水库的管理能力。

按照水利部有关要求和标准汇交数据成果，向水利部本级、长江水利委员会提供模型调用和模型计算成果、知识库共享。一是搭建数字孪生平台，数据方面重点构建覆盖丹江口坝区、库区及水库运行影响区域的 L3 级数据底板；模型方面重点构建工程各分部安全分析评价模型和水资源调配模型；知识方面重点构建水库调度运用规则、工程防洪预案、汛末蓄水方案、超标洪水应急预案、历史典型洪水等知识库。二是夯实信息基础设施，升级工程安全、地震等监测设施，构建覆盖各类设施设备的工程物联网，建设丹江口远程集中控制中心。三是提升业务应用智能化水平，完善升级防洪调度、供水计划、发电计划、船舶通航、生态调度、库区管理等多目标调度功能于一体的业务平台。

（2）打造数字库区、智慧水源。针对水库面广、点多、线长、全开放的复杂管理局面和特点，充分利用大数据、物联网、云计算、卫星遥感等前沿技术，汉江集团组织编制了《丹江口水库综合管理平台顶层设计》，并通过了水利部信息中心审查，计划用5年左右的时间分步建设完成，总投资约1.5亿元。目前，丹江口水库综合管理平台第一阶段建设项目于2021年5月建成投入试运行，可运用空天地一体化监测分析管理手段（卫星遥感解译、无人机巡查、实时视频图像识别、人工巡查APP）开展库区巡查管理，对存在问题做到早发现、早制止、早处置，既能降低违法成本和减少违法行为，又能减少执法成本。平台建设有丹江口水库综合管理“一张图”以及供水计划、水量计量、水质监测、地震地灾分析、库区遥感解译分析分类及电子政务等管理模块，逐步实现库区管理数字化、水源工程智慧化。

7. 地方部门执法

为贯彻落实《中华人民共和国长江保护法》《水利部关于丹江口水库管理工作的实施意见》，适应库区高质量发展新要求，丹江口水库管理单位组织编制了“十四五”发展规划，深入研究库区管理的新思路、新方法，强化组织保障，严格追责问责，加强水行政执法，协调解决库区重大问题。

（1）强化组织保障。丹江口库区各级河长湖长对相关部门和下级河长湖长履职情况进行督导考核，强化激励问责。水利部、长江水利委员会、库区有关地方水行政主管部门和有关单位高度重视丹江口水库管理和保护工作。水利部落实丹江口水库管理作为重点督查内容，长江水利委员会、库区有关地方水行政主管部门逐级落实丹江口水库管理责任，通过飞检、检查、稽查、调查、考核评价等方式加强对责任主体履责情况的监督检查。

（2）严格追责问责。长江水利委员会、库区有关地方人民政府水行政主管部门，丹江口水库管理单位、陶岔渠首管理单位、清泉沟渠首管理单位，及上述各单位有关工作人员，在丹江口水库管理工作中违反法律法规及相关意见规定的，按照法律法规和《水利监督规定（试行）》《水利工程运行管理监督检查办法（试行）》《汛限水位监督管理规定（试行）》《水工程防洪抗旱调度运用监督检查办法（试行）》《水行政执法监督检查办法（试行）》等“强监管”规章制度的规定予以问责。

（3）加强水行政执法。在丹江口库区从事涉河建设、水资源开发利用等活动的单位和个人，违反法律法规及相关意见规定的，按照《中华人民共和国水法》《中华人民共和国防洪法》《中华人民共和国水土保持法》《南水北调工程供用水管理条例》《水库大坝安全管理条例》等法律、法规、规章、规定予以处理。

（二）小浪底水库

1．运行管理职责分工

在水利部与黄河水利委员会指导下，水利部小浪底水利枢纽管理中心负责小浪底水库各项工作，主要职责包括：负责小浪底水利枢纽和西霞院水利枢纽的运行管理、维修养护和安全保卫工作；负责执行黄河防汛抗旱总指挥部和黄河水利委员会对小浪底水利枢纽和西霞院水利枢纽下达的防洪（凌）、调水调沙、供水、灌溉、应急调度等指令，并接受其对调度指令执行情况的监督；负责小浪底水利枢纽管理区和西霞院水利枢纽管理区及其库区管理，按规定开展水政监察工作；负责小浪底水利枢纽和西霞院水利枢纽的资产管理；承办水利部交办的其他事项。

2．联合调度运行

（1）实施水库群精准联合调度机制。黄河水利委员会研发了黄河中下游五库（三门峡、小浪底、陆浑、故县、河口村水库）联合防洪调度系统，可与预报数据耦合进行实时调度计算；同时利用小禹防汛系统 APP 实时跟踪雨水情势、分析不同量级洪水河道演进时间等。通过分析研判黄河流域雨水情变化趋势，统筹安排汛前、汛中、汛后调水调沙和抗旱工作，筹防洪保安和蓄水保水两个大局，滚动预报雨水情、研判防汛抗旱形势，并根据预报结果进行水库调度预演，科学精细开展水库调度工作。

小浪底水库调度在确保水库安全的前提下，统筹防洪、防凌、减淤、供水、灌溉、发电、生态环境和其他用水的需要，兼顾近期和长远利益，发挥水库长期作用和综合效益。小浪底水利枢纽管理中心按照经批准的调度计划、调度方案、调度规程以及黄河防汛抗旱指挥机构、黄河水利委员会下达的实时调度指令，具体负责实施小浪底水库防洪调度和水量调度，并接受黄河防汛抗旱指挥机构、黄河水利委员会的监督管理。

出现旱情紧急情况时，小浪底水利枢纽管理中心执行应急水量调度指令，确保出库流量控制断面的下泄流量符合规定的控制指标。出现省际或者重要控制断面流量降至预警流量、水库运行故障以及重大水污染事故等情况时，小浪底水利枢纽管理中心及时实施水库应急泄流方案。

黄河干流的三门峡、小浪底水库，右岸支流伊河的陆浑水库、洛河的故县水库，左岸支流沁河的河口村水库，构成了黄河下游“上拦”防洪工程体系。其中，三门峡、小浪底水库能容纳约 100 亿 m^3 的洪水，陆浑、故县、河口村水库有约 10 亿 m^3 洪水库容。三门峡水库受潼关高程控制影响，洪水期一般敞泄运用，小浪底水库是拦蓄洪水的“主力军”，是控制中下游来水的“总开关”，其余 3 座支流水库配合小浪底水库，拦蓄伊河、洛河、沁河洪水。

(2) 实施调水调沙。建立黄河水沙调控理论，创立实施基于小浪底水库单库调节为主；空间尺度水沙对接、干流水库群水沙联合调度为辅的 3 种黄河调水调沙基本模式。黄河调水调沙指利用黄河上的水库对水和沙进行调节，力求以最少的水量输送最多的泥沙，从而减轻下游河道淤积，甚至达到冲刷的效果，使黄河下游河床不再抬高。调水调沙的主要手段是通过水库的大量泄水，以较大的流量集中下泄，形成人造洪峰，加大对下游河床的冲刷能力。自 2002 年起，黄河每年均进行一次调水调沙，而经过前 4 次调水调沙，已将超过 3 亿 t 河道上的淤沙冲入大海，黄河下游河槽平均下降 1m，过流能力从 $1800m^3/s$ 提高到 $3500m^3/s$。

单库调度，即利用小浪底水库进行调水调沙。空间尺度水沙对接的黄河调水调沙即利用小浪底水库不同泄水孔洞组合塑造一定历时和大小的流量、含沙量及泥沙颗粒级配过程，加载于小浪底水库下游伊洛河、沁河的“清水”之上，并使其在花园口站准确对接，形成花园口站协调的水沙关系，实现既排出小浪底水库的淤积泥沙，又使小浪底—花园口区间“清水”不空载运行，同时使黄河下游河道不淤积的目标。干流水库群水沙联合调度即指利用黄河已建成的万家寨、三门峡和小浪底等上中游水库群，实施跨度超过 1500km 的大空间、大时间尺度水沙联合调度。

2022 年 6 月 19 日，小浪底水库按照 $2600m^3/s$ 下泄，开启了 2022 年汛前黄河调水调沙工作的序幕。为增强小浪底水库调水调沙后续动力，充分发挥水库汛限水位以上蓄水效益，本次调水调沙采用万家寨、三门峡、小浪底 3 座水库联合调度模式，龙羊峡、刘家峡水库适时补充水源。本次调水调沙共为小浪底、三门峡水库卸掉 1.044 亿 t 的泥沙“包袱”，使 3460 万 t 泥沙入海，同时呈现参与调度的水库多、黄河下游工程出险少、河口三角洲湿地生态补水效果好等特点。

3. 各类安全保障

面对黄河流域严峻防洪防汛形势，小浪底水库长期保持高水位运行，在最大限度拦洪错峰、确保下游不漫滩工作中发挥重要作用，通过一系列政策措施和工作举措，切实保障了枢纽安全稳定运行和黄河安澜。

(1) 确保工程安全。小浪底水利枢纽管理中心按照水库大坝安全管理的规定，制定小浪底水库大坝安全检查和安全鉴定制度，定期开展大坝安全监测、检查、鉴定，对监测资料进行分析整理，随时掌握大坝运行状况，保障水库安全和正常运行。水库高水位运行期间，小浪底水利枢纽管理中心重点做好大坝安全监测、泥沙淤积监测、防汛应急抢险准备等工作，及时提供各项监测数据。

（2）强化防汛安全。面对紧急汛情，小浪底管理中心牢固树立“一盘棋”思想，全面落实水库安全管理责任，重新调整组建防汛工作领导小组、安全生产领导小组、防汛指挥部；严格按照水利部和黄河防汛抗旱总指挥部安排部署，提前检查防汛设施设备、物资人员、抢险队伍等，积极做好防汛准备；及时启动小浪底水利枢纽及西霞院工程防汛Ⅲ级预警，压紧压实枢纽监测、精准调度、应急抢险、巡查检查、值班值守等职责。

在水利部指导组和黄河水利委员会工作组现场指导的基础上，管理中心发挥行业顶级专家组技术支撑作用，定期防汛会商，密集讨论研判小浪底汛情，及时高效安排部署防御工作。同时，高度重视西沟水库漫坝事故发生后干部职工思想稳定工作，开展谈心谈话，加强思想教育引导。

4. 信息化

建设数字孪生小浪底。按照水利部关于数字孪生流域、数字孪生工程以及数据融合共享等方面的标准规范要求，搭建数字孪生平台，夯实信息基础设施，提升业务应用智能化水平，推进数字孪生小浪底建设，构建工程“四预”智慧体系，实现数字工程与物理工程同步仿真运行，提升工程安全高效稳定运行水平。

按照水利部有关要求和标准汇交数据成果，向水利部本级、黄河水利委员会提供模型调用和模型计算成果、知识库共享。一是搭建数字孪生平台，数据方面重点融合枢纽、库区、电站内部及其他相关区域的二三维空间地理信息数据、BIM数据以及基础信息、监测信息等，构建数字孪生小浪底L3级数据底板；模型方面重点构建泥沙水动力学模型和水体、植被、建筑物、孔洞泄流、排沙、监测设备等光影效果可视化模型；知识方面重点构建包括汛期和非汛期调度运用规则、枢纽防洪预案、防凌预案、调水调沙方案和历史典型洪水等知识库。二是夯实信息基础设施，升级大坝和高边坡安全监测设施，构建覆盖各类设施设备的工程物联网，提升工程自动化控制水平，建设小浪底和西霞院集中控制中心和数据中心。三是提升业务应用智能化水平，扩展完善防汛调度、大坝安全、闸孔安全、发电安全、库区安全、反恐安全、旅游管理、设备资产管理等相关业务系统。编制数字孪生工程空间地理信息数据及集成数据等标准规范。

作为水利部“十四五”期间数字孪生水利工程建设首批试点之一，数字孪生小浪底建设主体项目已全面开工。这也是小浪底水利枢纽2022年防汛备汛工作最大的亮点。按照时间节点要求，数字孪生小浪底建设2022年汛前取得初步应用效果，年底取得阶段性成效，引领行业数字化转型。

小浪底管理中心成立领导小组和实施工作组，组建建设专班，制定工作要点及任务分工，分解落实各项任务；组建人员相对固定的专家团队和约40人的专家库，编制完成了《数字孪生小浪底技术文件》；在主体项目上，采用EPC（设计建设总承包）模式和两阶段公开招标方式，全力推进数字孪生小浪底建设。

2022年，小浪底管理中心已完成小浪底和西霞院大坝竣工BIM（建筑信息模型）初步构建、流域L1级及小浪底坝区L3级GIS（地理信息系统）场景搭建和防汛调度业务、工程安全业务原型初步设计。相关水情测报系统的更新改造项目，可为防汛会商、工程调度提供数据支撑。小浪底工程大坝、泄洪建筑物BIM精细建模和库区三维场景搭建并集成专业计算模型，初步实现防洪、大坝安全监测“四预”功能。

5. 地方部门监督执法

黄河水利委员会对小浪底水利枢纽管理中心实行监督检查。黄河水利委员会及其所属管理机构按照管理权限加强对小浪底水库调度、库区河道管理和水资源有关活动的监督检查。小浪底水利枢纽管理中心建立健全巡回检查制度，做好对小浪底水库管理范围内有关活动的监督检查工作，发现的违法行为依照有关规定及时进行处理。必要时，黄河水利委员会及其所属管理机构、小浪底水利枢纽管理中心会同河南省和山西省有关县级以上地方人民政府及其有关部门开展联合监督检查工作。

（三）新安江水库

1. 管理体制

新安江水库管理主要分为两部分，即水电站和库区。其中，水电站运行管理归国家电网华东部管理，主要负责华东电网调峰调频和应急供电任务；库区管理主要集中在淳安县，淳安县专门设立淳安县千岛湖生态综合保护局（水利水电局），负责全县及千岛湖生态综合保护、水资源开发利用、水污染防治、水域岸线管理、水政执法等工作。

2. 沟通协调机制

打造合作共治平台，强化上下游共建共享与沟通合作。新安江上下游、浙江和安徽两省分别建立多个层级联席交流会议制度，部门之间定期或不定期地举行交流活动，建立互信共赢的工作机制。通过上下游联络，完善各项工作程序、职责划分，进行上下游统一调度。其中，杭州市与黄山市共同制定《关于新安江流域沿线企业环境联合执法工作的实施意见》等文件，建立双方共同认可的环境执法框架、执法范围、执法形式和执法程序，制定完善边界突发环境污染事件防控实施方案，构建起防范有力、指挥有序、快速高效和统一协调的应急处置体系；杭州市淳安县与黄山市歙县共同制定印发了《关于千岛湖与安徽上游联合打捞湖面垃圾的实施意见》，并建立每半年一次的交流制度，通报情况，完善垃圾打捞方案。

3. 生态补偿

2011年2月，习近平总书记在全国政协《关于千岛湖水资源保护情况的调研报告》上做出重要批示："千岛湖是我国极为难得的优质水资源，加强千岛湖水资源保护意义重大，在这个问题上要避免重蹈先污染后治理的覆辙。浙江、安徽两省要着眼大局，从源头控制污染，走互利共赢之路。"为贯彻落实习近平总书记重要指示，加强千岛湖水资源保护，2012年，财政部和原环境保护部牵头，安徽、浙江2省启动了新安江流域跨省生态补偿机制试点工作，开创了全国跨省流域生态补偿的先河。

新安江水库积极出台相关政策、探索建立生态补偿机制，通过提高产业准入标准、缩减网箱养殖、实施农村生活污水集中处理和跨流域生态补偿等措施，保护修复水库水质和生态环境。主要政策包括《千岛湖环境质量管理规范（试行）》《千岛湖水面资源管理暂行办法》《淳安县千岛湖水域网箱养殖管理暂行办法》《千岛湖及新安江上游流域水资源与生态环境保护综合规划》等。

在流域上下游的共同努力下，2012—2014年、2015—2017年、2018—2020年，安徽、浙江2省接续开展了三轮试点，取得了丰硕成果，初步走出"上游主动强化保护、下游支持上游发展"的互利共赢、互促共富之路，形成了以习近平生态文明思想、习近平经济思想为指引，以生态环境保护为前提，以绿色发展为路径，以共治共富共赢为目标，以体制机制建设为保障的跨省流域生态补偿"新安江模式"。

2021年5月21日，黄山市委市政府成立市推动新安江-千岛湖生态补偿试验区建设领导小组，会同市新保中心系统推进生态补偿试验区建设。坚持生态优先引领绿色发展，上下游定期沟通协商、联合监测、汛期联合打捞、联合执法、应急联动等工作机制进一步完善。设立新安江绿色发展基金，利用6亿元的新安江绿色发展产业引导基金。加强宣传引导，强化公众参与，生态美超市已增至345家，实现流域重点乡镇全覆盖。建成新安江生态文明实践中心，吸引更多人参与到新安江保护中来。截至2021年7月月底，累计完成投入194.05亿元用于新安江综合治理，其中试点补助资金47.2亿元。

在"三轮九年"试点工作开展以来，新安江流域始终坚持水质优良的目标导向，该流域生态补偿工作取得显著生态、经济、社会与制度效益。

（1）生态效益显著。流域总体水质为优并稳定向好，跨省界断面水质达到地表水环境质量Ⅱ类标准，连续11年达到安徽、浙江2省协定的生态保护补偿考核要求，每年向千岛湖输送近70亿m^3干净水，千岛湖水质实现同步改善，新安江已成为名副其实的“心安之江”。2020年度，黄山市城市水质指数在全国337个城市中排名第28位，长三角区域第1名，“新安江模式”在全国其他10个流域、15个省份复制推广。

（2）经济效益递增。依托生态优势，“十三五”期间，黄山市实现茶叶综合产值180亿元，2021年茶叶出口额占全国11%、全省89%；“田园徽州”“黟品五黑”等农产品区域公用品牌持续打响，泉水鱼、乡村生态旅游等一大批全国叫得响的绿色名片在黄山诞生，生态优势变成经济优势，去年全市农产品网络销售额较2017年增长137%，“绿水青山”正源源不断转化为“金山银山”。

（3）社会效益凸显。试点工作入选2015年全国十大改革案例、全国“改革开放40年地方改革创新40案例”、安徽省改革开放40周年重点领域改革八大品牌，亮相“砥砺奋进的五年”大型成就展；新安江黄山段入选生态环境部2021年美丽河湖优秀案例；“生态美超市”成功入选生态环境部2022年十佳公众参与案例，为安徽省唯一入选项目。

（4）制度效益放大。新安江流域生态补偿改革试点写入中共中央国务院印发的《长江三角洲区域一体化发展规划纲要》《生态文明体制改革总体方案》《关于健全生态保护补偿机制的意见》《关于建立更加有效的区域协调发展新机制的意见》；入选中共中央组织部编写的《贯彻落实习近平新时代中国特色社会主义思想，在改革发展稳定中攻坚克难案例》，中央党校“绿水青山就是金山银山”精选案例。“新安江模式”在全国其他10个流域、15个省份复制推广，比如桂粤九洲江、闽粤汀江-韩江、冀津引滦入津、赣粤东江、冀京潮白河以及省份众多、利益关系复杂的长江流域等，随后都纷纷建立起横向生态保护补偿机制。

2019年12月，国务院印发《长江三角洲区域一体化发展规划纲要》，要求加快建设新安江-千岛湖生态补偿试验区，相关工作作为重要内容相继被纳入《长三角一体化发展规划“十四五”实施方案》、长三角地区一体化发展三年行动计划、长三角一体化发展重点协同深化事项，同时中共中央办公厅、国务院办公厅印发的《关于建立健全生态产品价值实现机制的意见》《关于深化生态保护补偿制度改革的意见》，也对试验区建设提出了新的更高要求。

4. 各类安全保障

新安江水库相关管理单位以及上下游地方相关管理单位积极推进水库管理建设，切实强化工程安全，确保防洪、行洪与供水安全等，确保新安江水库在应对极端强降雨和突发汛情险情时，有序开展防洪防汛工作。

（1）强化工程安全。为切实做好防汛抗旱工作，确保人民生命财产的安全，每年汛期前，水利部门开展库区工程安全检查。检查主要包括水工程安全检查和汛前准备工作检查，检查采取踏勘现场、查阅资料和召开座谈会等形式进行。检查的内容涉及水库、塘堰大坝坝体、监测设施、泄洪建筑物、输水建筑物等有否存在安全隐患，度汛安全上是否存在问题；水电站等设施设备有否老化，养护是否正常，备用电源是否可靠；防汛准备情况等。

(2) 确保防洪安全。高度重视防汛抗灾工作，做好水文测报和水情预报工作，强化和落实各项措施，确保防汛安全。严密全程跟踪水情、雨情，科学测报水情、雨情，及时发布水情、雨情预测预警信息。严格24小时防汛值班，保障水雨信息畅通，充分利用水文测报科技手段，加强信息化共享。增强预案的针对性和时效性，确保测得到、测得准确、测得及时。克服麻痹思想、侥幸心理，高度警惕，明确责任，严格防汛纪律，常备不懈、严阵以待。做好水情服务工作，对库区进行全面的汛前检查，摸清水库的安全状况。落实应对突发情况的各项准备措施，在人力、财力、物力上做好计划和保障，掌握预案，掌控信息。

(3) 确保供水安全。水库管理单位切实加强水库水质监测、监管与信息共享，建立水质月报，持续记录、更新水质数据；监测过程中，如发现水质超标、水污染等情况，及时与相关部门反馈信息，采取必要措施。通过生态补偿机制，探索水库水资源补偿办法，改善库区生态环境、提高水质质量，有效保护库区水资源，提高水资源利用率。

二、相关经验启示

在总结典型水库管理体制、运行机制、安全保障措施等方面的主要做法、经验的基础上，结合新时期三峡水库运行管理实际及面临的形势要求，分析总结提出可借鉴的相关经验启示见表3-1。

表3-1　　相关经验启示一览表

经验内容		其他水库做法	三峡可借鉴经验
(一) 在水库运行管理体制方面	强化顶层设计	印发《关于丹江口水库管理工作的实施意见》（水政法〔2020〕305号）、《太湖局与苏浙沪闽皖省级河长制办公室协作机制信息共享工作方案（试行）》等一系列顶层设计文件，明确工作机制	制订和完善三峡工程运行管理法规，研究出台三峡水库管理条例，明晰管理模式与运行机制

续表

经验内容		其他水库做法	三峡可借鉴经验
(一) 在水库运行管理体制方面	理顺管理职责划分	通过印发《关于丹江口水库管理工作的实施意见》(水政法〔2020〕305号)、成立水利部小浪底水利枢纽管理中心、将新安江水库管理工作划分为水电站与库区管理，明确管理职责与责任划分	厘清职责划分，颁布相关行政法规与规章制度，形成责权利明确的管理体制和工作机制
	优化机构设置	划分管理主体、协作配合与监督检查单位，明确主要工作内容与管理职责	纳入国家建立的长江流域协调机制，并与库区各级河湖长建立协作机制，加强工作落实
(二) 在统筹沟通协调机制方面	统筹沟通协调机制	丹江口水库实行水行政执法联席会议制度；新安江水库建立太湖局与苏浙沪闽皖省级河长制办公室协作与信息共享工作机制	全面推行河湖长制工作部际联席会议和国家长江流域协调机制，实现长江流域重大水利水电信息共享、流域共建，探索建立三峡水库联席会议协调机制
(三) 在强化水库安全保障方面	大坝安全	严格落实大坝安全责任制、安全生产责任制，制订水库大坝安全检查和安全鉴定制度，配合调查与暗访，保障库区安全	完善大坝安全责任制、安全运行制、事故追责制，责任到人、责任到事，建立安全检查、安全监察制度，定期开展大坝安全监测、检查、鉴定
	防洪安全	通过洪水预报预警、枢纽实时监测、枢纽维修养护、水库精准调度、应急抢险救灾、水情巡查检查、值班值守预警等方式，确保防洪安全	组建防汛工作领导小组等，制订应急预案；设立洪水监测预报预警部门，开发相关软件加强预报预警与信息共享；做好防汛设备维修养护工作
	生态安全	加强库区水土流失预防、治理及监督管理，上游水源区大力推进清洁小流域建设，维护库区生态环境；通过生态补偿，初步走出互利共赢、互促共富之路	研究制订环境质量管理规范或标准，加强生态修复与环境保护重大问题研究，持续开展联合生态调度试验，完善生态安全综合监测系统，探索发展“三峡模式”
	信息安全	补充相关立法、完善机构建设等强化信息安全	建立相关责任部门，构建技术团队；制订工作规范、指导文件，建立日常工作与风险防范规章制度，提高信息设备稳定性与安全性，强化信息保密工作

续表

经验内容		其他水库做法	三峡可借鉴经验
（四）在水库调度运用方面	优化完善水库群联合调度机制	丹江口水利枢纽实施以丹江口水库为核心、干支流其他水库相配合的水库群联合调度； 小浪底水利枢纽实施黄河水库群精准联合调度机制	开展系统性、长期性的长江流域调度基础研究与调度实验，调度工作应综合考虑防洪、供水、生态、发电、航运、应急等效益
	优化完善生态调度机制	小浪底水库统筹防洪、防凌、减淤、供水、灌溉、发电、生态环境和其他用水的需要，建立黄河水沙调控理论，兼顾近期和长远利益，发挥水库长期作用和综合效益	与各梯级水库合作推进流域梯级水库生态调度试验，拓宽生态调度目标与范围，逐步建立完善的长江流域梯级水库生态调度机制
（五）在岸线等生态空间管控方面	划定河湖管理范围，明确管控边界	多次开展现场实地勘察，调研了解岸线管控情况，推动落实湖北丹江口水库管理和保护范围划界工作	完善三峡河湖管理范围划定，明确河湖水域岸线管控边界，因地制宜安排三峡河湖管理保护控制带
	严格岸线分区分类管控与用途管制	划定岸线功能分区，明确分区管控要求，严格规范库区涉水建设项目，禁止非法占用水域、岸线	进行岸线分区分类管控，严控各类水域岸线利用行为，严格按照法律法规以及岸线功能分区管控要求等，严控各类水域岸线利用行为
	提升监管能力，规范处置涉水违建问题	丹江口水库进行拉网式排查、常态化巡查、赶赴项目一线现场督办、印发专项整治方案、下发督促整改通知书与责令停止违法行为通知书等，建立水域岸线长效管护机制	提升三峡河湖水域岸线监管能力与执法力度，加强三峡河湖智慧化监管，强化责任落实，规范处置三峡涉水违建问题
	水库管理范围划定	通过印发《关于丹江口水库管理工作的实施意见》（水政法〔2020〕305号），规定了水库管理保护责任，明确行政管理职责	落实三峡工程运行管理法规，明晰三峡水库调度管理模式与运行机制，建立法规政策落实情况清查台账
		丹江口水库通过联合多方科研中心，开展丹江口库区及其入库支流的水生态环境监测调查工作	联系相关责任单位、高校与科研机构，开展调查研究，论证政策、法律法规的可行性
		引发《关于丹江口水库管理工作的实施意见》（水政法〔2020〕305号），加强库区水土保持与生态修复；新安江水库出台相关政策，推动建立生态补偿“新安江模式”	研究制订三峡水库管理规范或标准，加强三峡库区和长江中下游影响区的生态修复与环境保护重大问题研究，开展三峡水库及上游梯级电站联合生态调度试验

续表

经验内容		其他水库做法	三峡可借鉴经验
（六）在生态保护修复方面	生态补偿	新安江水库通过出台相关政策、建立跨省流域生态补偿“新安江模式”	加强三峡水利枢纽生态补偿机制顶层设计，制订工作计划，稳步推挤生态补偿试点示范工作，正确处理好生态保护与民生改善的关系
	监管执法	丹江口库区加强库区水土流失预防、治理及水土保持监督管理，对水土流失状况进行动态监测	完善三峡库区生态监测和评估体系，切实加强三峡库区生态保护重点领域监管，加强三峡库区生态破坏问题监督和查处力度
	生态安全	丹江口水库加强水土流失预防、治理，推进清洁小流域建设，维护库区生态环境	研究制订三峡水库环境质量管理规范或标准，加强库区和长江中下游影响区的生态修复与环境保护重大问题研究，开展三峡水库及上游梯级电站联合生态调度试验
（七）在水库运行监管方面	开展常规检查监测	丹江口水库采取人工监测与自动化监测相结合的方式开展安全监测和巡查，实现监测巡查全覆盖；小浪底水利枢纽管理中心定期开展大坝安全监测、检查、鉴定，随时掌握大坝运行状况	开展安全监测和巡查，确保检查监测范围全面、内容全面，重点时期重点关注
	强化管理考核评价	丹江口水库枢纽工程接受长江水利委员会年度工程管理千分制考核的机制，黄河水利委员会对小浪底水利枢纽管理中心监督检查机制	加强管理考核评价意识，建立健全管理考核机制，制订规章制度，明确工作责任划分与监督机构；建立健全巡回检查制度，做好对水库管理范围内有关活动的监督检查工作
	加强属地部门联合执法	丹江口水库通过长江水利委员会、库区有关地方人民政府水行政主管部门及其他部门多方联合，确保水库安全运行	水利部、三峡水利枢纽管理单位可与湖北省、重庆市等地方人民政府水行政主管部门及其他库区有关单位建立水行政联合执法与监督监察机制
	推进智慧监管信息化	丹江口、小浪底水库致力于打造数字库区、智慧水源，加强数字化建设，建设“数字孪生丹江口”“数字孪生小浪底”	加快三峡水库运行管理数字化、信息化、智慧化建设，完善三峡枢纽和库区安全综合监测系统、水库调度系统等信息化管理系统

（一）在水库运行管理体制方面

1. 强化顶层设计

梳理总结相关做法发现，通过印发《关于丹江口水库管理工作的实施意见》（水政法〔2020〕305号）等一系列顶层设计文件，规定了丹江口水库管理保护责任，明确行政管理职责，对工程运行管理意义重大。

三峡水库作为国家特大型工程，在工程完成整体竣工验收全部程序、转向正常运行管理的阶段，适逢我国进入全面建设社会主义现代化国家的新发展阶段，发展基础更加坚实、发展条件深刻变化，新阶段三峡水库运行管理面临新的形势和要求，需要强化顶层设计，进一步加强三峡水库运行管理法制化建设，完善三峡水库管理中存在的差距和薄弱环节。管理体制体制方面，三峡工程运行管理涉及的利益关系复杂，统筹协调难度大。目前，迫切需要根据三峡工程转入正常运行的新形势和新要求，研究制订和完善三峡工程运行管理法规，明晰三峡水库调度管理模式与运行机制，界定相关行业主管部门、水库所在行政区域的地方政府以及枢纽管理机构的权利、责任与义务等，推进依法行政、依法管理，争取早日研究出台三峡水库管理条例。

2. 理顺管理职责划分

梳理总结相关做法发现，一是为切实加强丹江口水库的管理和保护，通过印发《关于丹江口水库管理工作的实施意见》（水政法〔2020〕305号），进一步理顺了丹江口水库管理保护责任，明确了行政管理职责；二是为强化小浪底水利枢纽管理，经中央机构编制委员会办公室同意，水利部批准成立了水利部小浪底水利枢纽管理中心；三是新安江水库管理工作划分为水电站与库区管理，分别由国家电网华东部与淳安县千岛湖生态综合保护局（水利水电局）负责。

三峡水库的运行管理和保护包括了一系列复杂的沟通协调工作，涉及防洪、供水、生态、发电、航运等多项功能，涉及中央和地方，政府和企业，水利、生态环境、自然资源、交通运输等各部门，责权利关系复杂。需结合新形势新要求，进一步厘清中央相关管理部门、单位和地方各级管理部门的职责任务，明确工作分工，明晰管理关系，健全统筹协调工作机制，颁布相关行政法规、规章制度，形成责权利明确的管理体制和工作机制，促进三峡水库运行管理规范有序，确保水库安全运行和综合效益发挥。

3. 优化机构设置

梳理总结相关做法发现，丹江口水库以长江水利委员会为管理主体，库区有关地方人民政府水行政主管部门与相关集团公司协作配合开展水库管理、运行等各项工作；在水利部与黄河水利委员会指导下，水利部小浪底水利枢纽管理中心负责小浪底水库各项工作；新安江水库管理工作划分为水电站与库区管理，分别由国家电网华东部与淳安县千岛湖生态综合保护局（水利水电局）负责。

三峡水库管理工作内容复杂、范围广泛、牵涉单位机构众多，作为跨地区跨部门的三峡水库运行管理重大事项，理应纳入国家建立的长江流域协调机制，并与库区各级河湖长建立协作机制。应广泛吸收国内众多水利水电设施的管理经验，整合改进管理机构，优化机构设置，加强工作协调，落实三峡水库管理和保护范围划界确权工作，划定三峡水库管理和保护范围边界，统筹三峡工程运行涉及的防洪冲沙、库岸稳定、消落区保护、下游补水、生态调度、电力输出、船闸通行等各项功能，兼顾各方利益，充分发挥三峡工程对长江流域水安全战略保障关键作用和巨大综合效益。

（二）在统筹沟通协调机制方面

根据调研总结分析，丹江口水库实行水行政执法联席会议制度，通过建立库区水行政执法长效机制，加强库区执法信息共享、完善执法联动和司法协作、健全多部门跨行政区协作；新安江上下游和浙江、安徽 2 省分别建立多个层级联席交流会议制度，通过加强部门沟通合作，建立互信共赢的工作机制，推动太湖流域片河湖长制信息共享、流域共建。

三峡水库管理工作内容复杂、范围广泛、牵涉单位机构众多，作为跨地区跨部门的三峡水库运行管理重大事项，应纳入国家建立的长江流域协调机制，实现长江流域重大水利水电信息共享、流域共建的沟通协调机制；同时借助中央全面推行河湖长制工作部际联席会议和国家长江流域协调机制，完善中央、地方、企业之间关于三峡水库管理重大事项的沟通协调机制，与库区各级河湖长建立完善的沟通协作机制。

（三）在强化水库安全保障方面

1. 库区安全

梳理总结相关做法发现，丹江口水库枢纽工程通过严格落实大坝安全责任制、安全生产责任制，确保丹江口水库安全平稳运行；小浪底水利枢纽管理中心制定小浪底水库大坝安全检查和安全鉴定制度，随时掌握大坝运行状况，保障水库安全和正常运行；新安江水库采取直奔基层、直插现场的“四不两直”暗访方式，以严格的现场巡查排除内部问题、保障库区安全。

确保库区安全是三峡水利枢纽安全保障的首要任务，三峡水利枢纽库区安全是一切工作开展的基石。三峡水利枢纽应完善大坝安全责任制、安全运行制、事故追责制，完善内部规章制度，责任到人、责任到事，为确保库区安全提供明确的制度保障；同时，建立完善的安全检查、安全监察制度，定期开展大坝安全监测、检查、鉴定，对监测资料进行分析整理，随时掌握大坝运行状况，确保库区安全动态实时更新、实时掌握、实时汇报、实时运维。

2. 防洪安全

梳理总结相关做法发现，为确保防洪安全，丹江口水库、小浪底水库与新安江水库相关管理部门，通过洪水预报预警、枢纽实时监测、枢纽维修养护、水库精准调度、应急抢险救灾、水情巡查检查、值班值守预警等方式，多方位部署防洪工作，多部门各司其职、有序应对，确保防洪安全。

防洪是三峡水利枢纽的重要作用之一，是保障长江下游人民群众生命财产安全工作的重中之重，确保三峡水利枢纽防洪安全任务艰巨。三峡水利枢纽相关管理机构应全面落实水库安全管理责任，不断建立健全防汛、安全管理相关机构，制订完善灾情应对紧急预案，开展防洪调度演练，面对极端强降雨和突发汛情险情，做到有序应对、应对有方。加强洪水监测预报预警，开发相关 APP 加强对三峡水库及其上下游河道的雨情、水情监测预报预警与信息开放共享；及时发布汛情通报，提醒库区及下游有关地方人民政府密切关注水雨情变化。强化水库调度管理，建立健全长江流域水库群联合调度机制，统筹考虑长江众多枢纽安全、长江中下游防洪供水需求，不断深化相关研究，组织实施汛期水库调度，及时精准调整三峡及长江流域水库群下泄水量。根据枢纽运行情况开展标准化维修养护作业，重点做好防汛设备例行维护、缺陷与隐患的检查和处理，保证防汛设备完好率达到100%并安全运行，确保防汛指令第一时间严格执行，保障枢纽防洪度汛安全。在汛前、汛后做好枢纽年度详查工作，及时下发隐患整改通报，在主汛期前督促完成整改并做好应急措施。

3. 信息安全

梳理总结相关做法发现，丹江口水库、小浪底水库与新安江水库通过补充相关立法、完善机构建设等强化信息安全。

随着计算机技术的发展，未来水利枢纽发展会面临更多信息安全问题，确保水库信息安全是新时期强化水库安全面临的新挑战。三峡水利枢纽需要压实相关责任，引进技术人才，构建技术团队支持数字化建设。讨论制订工作规范、指导文件等，建立日常工作与风险防范规章制度，夯实信息基础设施，升级信息工程软硬件设施，提高信息设备稳定性与安全性，强化信息保密工作。

（四）在水库调度运用方面

1. 优化完善水库群联合调度机制

梳理总结相关做法发现，丹江口水库根据 2013 年长江水利委员会组织编制的《汉江干流梯级及跨流域调水工程联合调度方案》，实施以丹江口水库为核心、干支流其他水库相配合的水库群联合调度方案，提高供水对象的供水保证程度。小浪底水利枢纽实施黄河水库群精准联合调度机制，黄河中下游五库（三门峡、小浪底、陆浑、故县、河口村水库）通过分析研判黄河流域雨水情变化趋势，统筹安排汛前、汛中、汛后调水调沙和抗旱工作，统筹防洪保安和蓄水保水两个大局，科学精细开展水库调度工作。

三峡水库应开展系统性、长期性的长江流域调度基础研究与调度实验，结合数字孪生与信息化建设，在综合考虑上下游、左右岸等不同区域需求，考虑水利、交通、电力、生态环境等多部门和多行业需要的同时，兼顾汛期、非汛期不同时段的不同需求，探索适合长江流域的区域性、季节性、功能性调度方案，以实现水工程联合调度逐步从利用上游干支流控制性水库群控制洪水，转向统筹上中下游干支流水库群及相关水工程来管理洪水，调度对象从单一水库向包含水库、排涝泵站、蓄滞洪区、引调水工程等多工程相结合的转变，时间跨度从汛期调度向全年（汛前消落、汛后蓄水、全年供水调度）全过程调度转变，调度目标从单一防洪调度向防洪、供水、发电、生态、航运、应急等多目标综合调度转变，逐步形成完善的长江流域水工程联合调度机制。

三峡水库作为长江流域控制性水工程的核心，调度工作应综合考虑防洪、供水、生态、发电、航运、应急等效益，以为长江经济带高质量发展提供有力支撑和保障。防洪方面，应通过联合调度应对干支流洪水，切实保障流域人民群众生命财产安全；供水方面，三峡水库应在每年枯水期或重大干旱灾害期，与水库群配合提高下泄流量，为长江下游适当补水，改善中下游地区生产、生活和生态用水条件；发电方面，继续稳步发挥三峡水电站优质清洁电力能源的供应作用；航运方面，通过联合调度进一步加强上游川江航道渠化，改善中下游航运条件，持续发挥黄金水道功能；应急方面，通过联合调度积极应对溃坝洪水、低温雨雪天气、咸潮入侵、水华暴发等灾害事件的威胁与不利影响，保障流域安全。

2. 优化完善生态调度机制

梳理总结相关做法发现，小浪底水库统筹防洪、防凌、减淤、供水、灌溉、发电、生态环境和其他用水的需要，兼顾近期和长远利益，发挥水库长期作用和综合效益；通过建立黄河水沙调控理论，利用水库对水、沙进行调节，取得黄河下游河床不再抬高、黄河下游工程出险减少、河口三角洲湿地生态补水效果显著等成效。

梯级水库群联合生态调度是落实长江大保护战略的重要举措，2022 年是三峡集团公司所辖长江干流梯级水库全部投产的第一年，也是长江干流梯级水库乌东德、白鹤滩、溪洛渡、向家坝、三峡水库全部纳入生态调度范围的第一年，三峡水库作为长江流域水库群的核心工程，在长江流域生态调度中发挥控制性作用。积极开展生态调度试验。三峡水库应积极与各梯级水库合作推进流域梯级水库生态调度试验，逐步建立完善的多目标、多效益长江流域梯级水库生态调度机制。拓宽生态调度目标与范围。除连续开展促进鱼类繁殖的生态调度试验之外，还应积极分层取水、防控库区水华、库尾泥沙减淤等多种生态调度，扩大梯级水库生态调度的目标和范围，进一步提升和拓展水库群生态效益。

3. 强化运行监管

梳理总结相关做法发现，丹江口水库采取人工监测与自动化监测相结合的方式开展安全监测和巡查，做好设备维护，保障各种监测巡查的质量和频次，实现监测巡查全覆盖；小浪底水利枢纽管理中心定期开展大坝安全监测、检查、鉴定，对监测资料进行分析整理，随时掌握大坝运行状况，保障水库安全和正常运行。

一是开展常规检查监测。常规检查监测是确保三峡水利枢纽安全运行的首要保障。可以从以下几点入手：开展安全监测和巡查，确保检查监测范围全面、内容全面；检查监测实时追踪，水库管理单位及时研究处理；重点时期重点关注，汛前汛后，以及遭遇暴风暴雨、特大洪水、强烈地震或者其他重大事故后，及时实施安全鉴定和跟踪监测、检查，同时确保检查监测设备完备可靠，多措并举确保水库大坝安全。

二是强化管理考核评价。借鉴相关经验，三峡水利枢纽需要加强管理考核评价意识，建立健全管理考核机制，制订相关规章制度，明确工作责任划分与监督机构，监督检查机构按照管理权限加强对水库调度、库区河道管理和水资源有关活动的监督检查，建立详细的考核指标、内容与考核结果反馈制度，通过监督考核评价制度，进一步完善水库运行监管体制。建立健全巡回检查制度，做好对水库管理范围内有关活动的监督检查工作，发现违法行为依照有关规定及时进行处理。

三是加强属地部门联合执法。借鉴丹江口水库等有关联合执法的管理经验，水利部、三峡水利枢纽管理单位与湖北省、重庆市等地方人民政府水行政主管部门及其他库区有关单位建立水行政联合执法与监督监察机制，水利部以监督监察工作为主，长江水利委员会、库区有关地方水行政主管部门逐级落实三峡水库管理责任，通过飞检、检查、稽查、调查、考核评价等方式加强对责任主体履责情况的监督检查。

四是推进智慧监管信息化。借鉴数字孪生丹江口、数字孪生小浪底试点经验，充分利用互联网、大数据、物联网、云计算、人工智能、区块链等新技术新方法，加快三峡水库运行管理数字化、信息化、智慧化建设，完善三峡枢纽和库区安全综合监测系统、水库调度系统等信息化管理系统，以“数字孪生三峡”为抓手，推动水库管理方法和手段创新，不断提高水库管理效能，提升水库水环境、水生态、水资源、水灾害及水域岸线等管理信息化、智能化水平和综合治理能力。

（五）在岸线消落区等生态空间管控方面

1. 划定河湖管理范围，明确管控边界

梳理总结相关做法发现，湖北省河湖长办公室与丹江口水库地方管理部门多次开展现场实地勘察，调研了解岸线管控情况，并就推进丹江口库区划界开展座谈会，推动落实湖北丹江口水库管理和保护范围划界工作。

完善三峡河湖管理范围划定，明确河湖水域岸线管控边界，这是河湖管理保护的重要基础性工作。对于不依法依规，降低划定标准，人为缩窄河道管理范围，故意避让村镇、农田、基础设施以及建筑物、构筑物等问题，三峡水利枢纽管理机构督促地方及时整改，并依法公告。因地制宜安排三峡河湖管理保护控制带，守住河湖水域岸线空间的底线，严禁以任何名义非法占用和束窄。结合水安全、水资源、水生态、水环境及河湖自然风貌保护等需求，针对城市、农村、郊野等不同区域特点，根据相关规划，在已划定的河湖管理范围边界的基础上，探索向陆域延伸适当宽度，合理安排河湖管理保护控制地带，加强对河湖周边房地产、工矿企业、化工园区等“贴线”开发管控。

2. 严格岸线分区分类管控与用途管制

梳理总结相关经验发现，水利部授权长江水利委员会商湖北、河南两省人民政府，依据相关规划、标准和水利部规定，负责划定丹江口水库岸线功能分区，明确分区管控要求。长江水利委员会和湖北、河南两省各级水行政主管部门依据岸线功能分区及管控要求，严格规范库区涉水建设项目，禁止非法占用水域、岸线。同时，丹江口水库禁止在岸线管理范围内从事围垦、填库、造地、造田、筑坝拦汊、分割水面等侵占水域的活动，对于已经侵占的，应当逐步退出侵占的库容和水域面积。

进行严格的岸线分区分类管控，加快河湖岸线保护与利用规划编制审批工作，按照保护优先的原则，合理划分三峡岸线保护区、保留区、控制利用区和开发利用区，严控开发利用强度和方式。严格按照法律法规以及岸线功能分区管控要求等，对跨河、穿河、穿堤、临河的桥梁、码头、道路、渡口、管道、缆线、取水、排水等涉河建设项目，遵循确有必要、无法避让、确保安全的原则，严把受理、审查、许可关，不得超审查权限，不得随意扩大项目类别，严禁未批先建、越权审批、批建不符。严控各类水域岸线利用行为，对于岸线整治修复、生态廊道建设、滩地生态治理、公共体育设施、渔业养殖设施、航运设施、航道整治工程、造（修、拆）船项目、文体活动等，依法按照洪水影响评价类审批或河道管理范围内特定活动审批事项办理许可手续。依法规范河湖管理范围内的耕地利用，结合“三区三线”划定工作，在不妨碍行洪、蓄洪和输水等功能的前提下，依法依规分类处理。

3. 提升监管能力，规范处置涉水违建问题

梳理总结相关做法发现，丹江口水库各相关管理部门通过对水域岸线进行拉网式排查、常态化巡查、赶赴项目一线现场督办、印发专项整治方案、

下发督促整改通知书与责令停止违法行为通知书等，建立水域岸线长效管护机制，保持丹江口河库环境稳中向好。

提升三峡河湖水域岸线监管能力。三峡水利枢纽与地方各级河长办要切实履行组织、协调、分办、督办职责，加强组织领导，共同推动三峡库区河湖水域岸线空间管控工作。加强日常监管执法力度，强化舆论宣传引导，畅通公众举报渠道，探索建立有奖举报制度，及时发现、依法严肃查处侵占河湖水域岸线、影响河势稳定、危害河岸堤防安全和其他妨碍河道行洪的违法违规问题，严肃查处未批先建、越权审批、批建不符的涉河建设项目。加强三峡河湖智慧化监管，加快数字孪生流域（河流）建设，充分利用大数据、卫星遥感、航空遥感、视频监控等技术手段，推进疑似问题智能识别、预警预判，对侵占河湖问题早发现、早制止、早处置，提高河湖监管的信息化、智能化水平。强化责任落实，建立定期通报和约谈制度，对重大水事违法案件实行挂牌督办，将河湖水域岸线空间管控工作作为各级工作部门考核评价的重要内容，加强激励问责，对造成重大损害的，依法依规予以追责问责。

规范处置三峡涉水违建问题。统筹发展和安全，严守安全底线，聚焦三峡河湖水域岸线空间范围内违法违规建筑物、构筑物，依法依规、实事求是、分类处置，不搞“一刀切”。2018 年年底河湖长制全面建立，将 2019 年 1 月 1 日以后出现的涉水违建问题作为增量问题，坚决依法依规清理整治。对存量问题依法依规分类处理。对妨碍行洪、影响河势稳定、危害水工程安全的建筑物、构筑物，依法限期拆除并恢复原状；对桥梁、码头等审批类项目进行防洪影响评价，区分不同情况，予以规范整改，消除不利影响。对历史遗留问题科学评估，影响防洪安全的限期拆除，不影响防洪安全或通过其他措施可以消除影响的可在确保安全的前提下稳妥处置。

4. 水库管理范围划定

（1）加强上位法规政策的落实。梳理总结相关做法发现，水利部通过印发《关于丹江口水库管理工作的实施意见》（水政法〔2020〕305 号），规定了水库管理保护责任，明确行政管理职责。

借鉴相关经验，在梳理明确《中华人民共和国长江保护法》等现有法规政策体系下，进一步根据实际情况查清、加强相关法规政策落实情况，是加强三峡水利枢纽管理运行法制化的首要手段。需要根据三峡工程转入正常运行的新形势和新要求，落实三峡工程运行管理法规，进一步明晰三峡水库调度管理模式与运行机制，界定相关行业主管部门、水库所在行政区域的地方政府以及枢纽管理机构的权利、责任与义务等；建立法规政策落实情况清查台账，查缺补漏，明确职责分工，形成一级抓一级、层层抓落实的监督责任体系，推进依法行政、依法管理，争取在“十四五”期间，研究出台三峡水库管理条例。

(2) 持续开展相关支撑研究。梳理总结相关做法发现，丹江口水库通过联合多方科研中心，开展丹江口库区及其入库支流的水生态环境监测调查工作。

根据三峡水利枢纽及水情雨情、社会经济、生态环境等实际情况，开展库区安全、防洪调度、生态环境保护等研究工作，对因地制宜地开展水利枢纽政策制定、机制建立、运行维护工作至关重要。三峡水利枢纽可以联系相关责任单位、高校与科研机构，针对具体问题组建研究工作组，针对水库运行阶段的实际情况，开展调查研究，论证政策、法律法规的可行性，从专业角度探讨水库运行过中面临的实际问题，以提供专业的解决方案。

(3) 对标生态保护修复需要。梳理总结相关做法发现，丹江口水库通过印发《关于丹江口水库管理工作的实施意见》(水政法〔2020〕305号)，加强库区水土保持与生态修复；新安江水库出台相关政策，包括《千岛湖环境质量管理规范（试行）》《千岛湖水面资源管理暂行办法》《淳安县千岛湖水域网箱养殖管理暂行办法》《千岛湖及新安江上游流域水资源与生态环境保护综合规划》等，推动建立生态保护、绿色发展的生态补偿“新安江模式”。

对标生态修复需要推进三峡水利枢纽管理工作，将有利于始终把握保护生态环境的重要红线，切实保障水库生态安全。根据新形势新要求，研究制订三峡水库管理规范或标准时，注重生态修护与环境保护问题，将有利于落实习总书记“绿水青山就是金山银山”的重要思想。借鉴相关水库工作经验，需要注意以下几点：一是制订三峡水库生态修复管理规范或标准；二是进一步加强三峡库区和长江中下游影响区的生态修复与环境保护重大问题研究；三是持续开展三峡水库及上游梯级电站联合生态调度试验；四是探索发展三峡生态修复、环境保护、绿色发展的“三峡模式”；五是持续开展包括枢纽工程运行安全、水环境、水生态、水文水资源及泥沙、水土保持、库岸稳定、地震地质、长江中下游河道状况等的动态监测。

(六) 在生态保护修复方面

1. 生态补偿

梳理总结发现，新安江水库通过出台相关政策、建立生态补偿机制，上下游和安徽、浙江2省通过开展三轮试点，明确一套因地制宜的生态补偿发展之路，形成了以习近平生态文明思想、习近平经济思想为指引，以生态环境保护为前提，以绿色发展为路径，以共治共富共赢为目标、以体制机制建设为保障的跨省流域生态补偿“新安江模式”。

加强三峡水利枢纽生态补偿机制顶层设计。协同国家长江经济带生态环境保护工作，制定生态补偿相关法律法规，出台三峡水利枢纽生态补偿条例，规范生态补偿标准与方式，明晰资金筹措渠道。建立生态补偿工作部门与协调机制，加强生态补偿建设组织保障。加强生态保护补偿基础研究，保障生态补偿工作科学性。

制订工作计划，稳步推挤生态补偿试点示范工作。依据国家《生态综合补偿试点方案》和新安江水利枢纽试点的做法，在沿三峡上下游选取若干县区开展生态补偿试点。根据试点工作状况，适时调整试点工作规范与工作方式，同时做好试点推广的工作计划，以形成以习近平生态文明思想、习近平经济思想为指引的、独具三峡特色的完备的生态补偿工作体系与模式。

正确处理好生态保护与民生改善的关系。在三峡库区极度生态脆弱区和重要生态功能区规划生态移民集中搬迁工程，持续将核心区、缓冲区人口迁入城镇，通过培训引导劳动力向二三产业流动。规划统筹旅游线路，整合大景区资源，推进生态保护、文化旅游等产业发展，开发设立生态公益岗位，进一步推进生态扶贫，促进区域经济社会和生态环境保护可持续发展。

2. 监管执法

梳理总结相关做法发现，根据《关于丹江口水库管理工作的实施意见》（水政法〔2020〕305 号），丹江口库区有关各级水行政主管部门加强库区水土流失预防、治理及水土保持监督管理，对水土流失状况进行动态监测。丹江口水库中线水源公司建成了丹江口库区水质监测站网和中心实验室，编报水质监测月报、年报，时时关注水质情况，保障中线水源水质安全。

完善三峡库区生态监测和评估体系。构建和完善陆海统筹、空天地一体、上下协同的生态、水质监测网络，推动部门监测站点资源共享。开展三峡库区生态状况、重点区域流域、生态保护红线、自然保护地、县域重点生态功能区五大评估，建立从宏观到微观尺度的多层次评估体系，全面掌握三峡库区生态状况变化及趋势。

切实加强三峡库区生态保护重点领域监管。推动建立健全三峡库区生态保护红线监管制度，出台生态保护红线监管办法和监管指标体系。构建以国家公园为主体的自然保护地体系，实行严格的自然保护地生态环境保护监管制度，出台自然保护地生态环境监管办法，加强自然保护地设立、晋（降）级、调整、整合和退出的监管。不断提升生物多样性保护水平，推动生物多样性和生物安全监管立法，完善生物多样性调查、观测和评估标准体系。

加强三峡库区生态破坏问题监督和查处力度。落实中央生态环境保护督察制度，将生态保护工作开展、责任落实等情况纳入督察范畴，对问题突出的开展机动式、点穴式专项督察，不断传导压力，倒逼责任落实。完善生态监督执法制度，扎实推进生态环境保护综合行政执法改革，推进多项监督措施并举、多部门联合执法与信息共享，依法依规开展生态保护监管。

3. 生态安全

梳理总结相关做法发现，丹江口水库根据相关政策法规，加强库区水土流失预防、治理及水土保持监督管理，对水土流失状况进行动态监测，在上游水源区大力推进清洁小流域建设，维护库区生态环境；新安江水库通过十几年的生态补偿实践，初步走出“上游主动强化保护、下游支持上游发展”的互利共赢、互促共富之路，形成了以习近平生态文明思想、习近平经济思想为指引，以生态环境保护为前提，以绿色发展为路径，以共治共富共赢为目标，以体制机制建设为保障的跨省流域生态补偿“新安江模式”。

确保生态安全、保障库区生态环境是三峡水利枢纽长期发展的重要前提。借鉴相关水库经验做法，三峡水利枢纽相关部门可以从以下几点入手，切实保障水库生态安全。一是根据新形势新要求，研究制订三峡水库环境质量管理规范或标准，细化实化水库水质保护目标指标，包括环境准入标准、污染物排放标准、环境监管标准等，为持续保护三峡水库的优良生态环境提供支撑。二是进一步加强三峡库区和长江中下游影响区的生态修复与环境保护重大问题研究，持续处理好三峡枢纽运行后中下游河道冲刷、对洞庭湖和鄱阳湖影响、鱼类生长繁殖、库区部分支流富营养化等问题。三是持续开展三峡水库及上游梯级电站联合生态调度试验，同步开展水生态、水环境监测，评价调度效果，促进长江生态环境和生物多样性保护，维护河湖健康。四是探索发展生态修复、环境保护、绿色发展的“三峡模式”。五是持续优化整合资源，完善三峡工程运行生态安全综合监测系统，开展包括水环境、水生态、水文水资源及泥沙、水土保持、库岸稳定、地震地质、长江中下游河道状况等的动态监测，推动水库管理方法和手段创新，提升水库水环境、水生态、水资源、水灾害及水域岸线等管理信息化、智能化水平和综合治理能力。

第四章 三峡水库运行管理保障制度体系框架构建

本章基于上述分析，针对新形势下三峡水库管理制度存在的薄弱或空白环节，坚持目标导向和问题导向，明确三峡水库运行管理保障制度体系建设的总体思路和基本原则，研究提出三峡水库运行管理保障制度体系框架。

一、总体思路

以习近平新时代中国特色社会主义思想为指导，深入学习党的十九大、二十大精神，贯彻落实习近平总书记“节水优先、空间均衡、系统治理、两手发力”治水思路和关于推进长江经济带发展、三峡工程重要讲话指示批示精神，围绕进入新发展阶段、贯彻新发展理念、构建新发展格局和推动高质量发展对三峡工程提出的新要求，准确把握三峡工程在国家宏观战略和长江经济带发展中的功能定位，按照“着眼大时空、统筹大系统、彰显大担当、确保大安全”的要求，针对三峡水库运行管理存在的薄弱环节和主要问题，坚持目标导向和问题导向，借鉴典型水库运行管理经验，聚焦统筹协调、空间管控、生态调度、消落区监管、生态补偿、水库安全等方面，构建覆盖全面、有机统一、科学规范的三峡水库运行管理保障制度体系，为三峡水库长期稳定安全运行、综合效益充分发挥和高质量发展提供制度保障。

二、基本原则

三峡水库运行管理是一项复杂的系统工程，其保障制度体系建设应充分体现三峡水库特点，既要针对三峡水库实际研究相应的管理制度，也要与现有法规政策特别是涉水法规政策相衔接，并使之有所创新，突破现有法规政策的束缚。既要考虑水库运行管理事项和内容的全面性，更要针对新形势下水库运行管理存在的突出问题着重开展研究，构建保障水库安全运行和综合效益充分发挥的制度体系。

（一）坚持顶层设计、系统谋划

突出三峡水库作为大国重器在服务国家战略和长江大保护中具有的重要地位和作用。充分发挥三峡水库防洪、发电、航运、水资源利用、生态环境保护等巨大的综合效益，处理好水库运行管理涉及有关流域、区域和行业之间的复杂利益关系。构建三峡水库运行管理保障制度体系，要立足服务流域区域经济社会高质量发展和长江经济带发展战略全局，坚持系统观念，统筹发展和安全，统筹流域与区域、整体与局部、近期与长远等利益，按照全面、统一的原则，做好顶层设计，形成完整、协调、顺畅的制度体系。

（二）坚持目标导向、突出重点

三峡水库是具有国家意义的符号，其安全运行是事关国家长治久安的政治和社会问题，不能有半点差池。构建三峡水库运行管理保障制度体系，要根据三峡水库管理面临的新形势新任务，围绕保障水库运行安全和综合效益发挥这一目标要求，针对水库运行管理中存在的突出困难和问题，如水库安全、水库调度、消落区管理、生态环境保护与修复等，着力补短板、强弱项，健全完善相关制度。

（三）坚持明晰权责、规范管理

三峡水库管理涉及中央政府与地方政府、水利与其他相关部门、流域管理机构和枢纽工程管理单位等，管理内容繁多，利益关系复杂。构建三峡水库运行管理保障制度体系，应坚持责任、权利、义务相一致的原则，厘清中央与地方、水利与其他相关部门、流域管理机构、枢纽工程管理单位等相关各方职能任务，明确责任分工，建立符合三峡水库管理实际、科学规范、可操作性强的管理制度，保障水库运行管理规范有序。

（四）坚持改革创新、科学高效

三峡水库蓄水运行以来，已逐步探索形成了一些较为有效的管理制度，为加强水库管理、保障水库安全运行和综合效益发挥提供了有力保障。构建三峡水库运行管理保障制度体系，应在现有制度体系基础上，结合水库运行管理面临的新形势新要求进行改革创新，补充、优化、完善相关制度。要充分发挥互联网、大数据等现代科技手段，推动水库运行管理制度和技术手段创新，提升水库管理效能。

三、制度体系框架

针对新形势下三峡水库运行管理存在的主要问题，按照三峡水库运行管理制度体系建设的总体思路与基本原则，从管理体制机制、水库安全管理、水库调度、消落区管理、生态环境保护与修复等方面，研究提出三峡水库运行管理保障制度体系框架。

（一）管理体制机制

1. 进一步明晰相关各方管理职责

三峡水库管理不仅涉及水利、生态环境、自然资源、住房和城乡建设、交通运输等多个部门，而且涉及湖北、重庆2省（直辖市），还涉及长江水利委员会、三峡集团公司等单位。三峡水库在建设期探索构建了较为有效的管理体制，相关政策文件对国务院三峡工程建设委员会办公室及相关部门、湖北省及重庆市、三峡集团公司等各方管理职责进行了明确规定，为保障建设期水库正常运行提供了依据，也为运行期水库管理体制构建及管理职责界定奠定了坚实基础。2018年，水利部“三定”方案明确，水利部负责组织提出并协调落实三峡工程运行的有关政策措施，指导监督工程安全运行。国务院三峡办并入水利部，原三峡办相应职责由水利部承担。

随着三峡水库进入全面运行管理期，应以法规形式明确水利部等相关部门监督指导，枢纽工程由三峡集团公司具体负责、库区由湖北省和重庆市具体负责的运行管理体制，并在建设期相关各方职责划分的基础上，根据水库运行管理面临的新形势新任务，按照责权利相统一的原则，进一步明晰各方管理职责，形成统一管理、各负其责的管理格局。按照水库管理主要工作任务，相关各方职责划分见表4-1。

表4-1　三峡水库管理工作任务职责划分

管理领域	主要任务	责任部门
综合管理与协调	研究提出三峡水库管理的有关政策和制度	水利部
	组织协调三峡水库水、土（含消落区）、岸线等资源可持续利用	水利部
	指导、组织协调三峡水库相关的科研工作	水利部
	水库综合管理	水利部、湖北省、重庆市
	三峡枢纽和电站调度	三峡集团公司
	配合湖北省、重庆市做好水库管理	三峡集团公司

续表

管理领域	主 要 任 务	责 任 部 门
防洪调度	3.5m^3/s 以下	三峡集团公司
	3.5～5.5m^3/s	水利部、长江水利委员会
	5.5m^3/s 以上	国家防总
水环境管理	水域区划的基础性工作	水利部
	污染排放物总量控制	生态环境部
	编制城镇体系规划	住房和城乡建设部
	加强生态环境保护的监督管理	生态环境部
	组织、监督、管理漂浮物清理	生态环境部
	控制农业面源污染	农业农村部
	流动污染源管理	交通部、生态环境部
水库生态保护和建设	水土保持监督管理	水利部
	三峡水电站缴税地方留存部分支持三峡库区建设和生态环境保护	湖北省、重庆市
	水库周边防护林带建设	发展改革委
	三峡库区地质灾害防治工作	自然资源部
	水库周边生态保护综合协调和监督	生态环境部
	库区高效生态农业建设	农业农村部
消落区土地使用管理	水库消落区土地管理	水利部
	组织制订消落区土地使用管理办法	水利部
资源开发利用和管理	库区河道管理	水利部
	库容管理审批	水利部
	港口及航运设施建设和港航设施岸线资源管理	交通部
	水产资源开发利用	农业农村部
	编制三峡风景名胜区总体规划	住房和城乡建设部
	建设项目环境影响评价和执法监督体系	生态环境部
	水库取用水资源管理	水利部
	编制三峡水库可持续综合利用规划	水利部
生态环境监测和科研	综合监测体系建设、运行和重大科研课题统筹协调	水利部

续表

管理领域	主 要 任 务	责 任 部 门
突发事件处置	编制突发事件制订预案，建立报告制度	湖北省、重庆市
	组织制订防止船舶撞击枢纽建筑物的应急预案	交通部
	建立水库污染应急系统、人群健康影响预警系统	湖北省、重庆市

2. 在国家长江流域协调机制框架下，发挥河湖长制平台优势，完善水库统筹协调机制

考虑三峡水库管理涉及多方利益，库区已建立统筹协调机制，即水利部三峡工程管理司、重庆市和湖北省水库管理机构联席会议制度，下一步制度建设主要是进一步完善联席会议制度，继续健全协调工作机制，形成由水利部门牵头，生态环境部门、交通运输部门、长江水利委员会、三峡集团公司以及湖北省、重庆市有关部门（机构）等参与协作的协调机制，由该协调机制对三峡水库管理中的重大问题进行沟通与协商，对库区相关事务进行信息通报、共同执法以及共同监督实施。

建立三峡水库协调机制与地方河湖长制平台、三峡集团公司的衔接机制，三方相互通报信息，地方河湖长和三峡集团公司提出的重大问题可提交三峡水库协调机制讨论解决，三峡水库协调机制确定的工作可交由地方河湖长、三峡集团公司推动落实，形成良性互动。

三峡水库协调机制与国家长江流域协调机制相衔接，三峡水库协调机制可将涉及三峡工程的重大战略性问题提交长江流域协调机制统筹协调解决，长江流域协调机制确定的重大工作可交由三峡水库协调机制组织实施。

（二）水库安全管理制度

1. 枢纽工程安全管理制度

当前，我国进入新发展阶段，贯彻落实新发展理念，推动高质量发展，国家提出一系列重大战略如生态文明建设、长江经济带发展等，特别是《中华人民共和国长江保护法》的实施，对三峡工程安全提出了新的更高要求，需要根据《水库大坝安全管理条例》《长江三峡水利枢纽安全保卫条例》《关键信息基础设施安全保护条例》等，进一步健全完善相关配套制度，特别是针对水库大坝安全责任制、专用公路安全、危险化学品过闸运输等问题，要进一步完善相关制度，为枢纽工程安全提供保障。

（1）进一步落实水库大坝安全责任制。水利部作为三峡枢纽工程主管部门，对大坝安全履行行业指导和监管职责；湖北省人民政府和水利部对三峡大坝的

安全实行行政领导负责制；三峡集团公司对枢纽工程进行安全监测、检查和维护，并承担相应的责任；国务院有关部门根据职责分工，负责枢纽工程安全的相关工作。要全面落实湖北省人民政府责任人、水利部责任人和三峡枢纽工程管理单位责任人，明确各类责任人的具体责任，并建立责任追究制度。

（2）专用公路安全。三峡专用公路是三峡枢纽工程运行和应急处突的交通保障线，为确保专用公路运输畅通安全，需要尽快完善相关制度，包括交通限流、突发事件应急预案、监督管理等制度，为枢纽工程安全提供交通保障。

（3）危化品过闸安全。根据新形势对枢纽工程安全提出的新要求，在深入开展相关研究的基础上，建立科学合理的危化品评估准入机制，明确哪些危化品可以过闸、哪些危化品不可以过闸、允许过闸危化品船舶的最大载重量等。同时，进一步完善协调机制，加强危化品过闸组织管理，完善危化品船舶过闸应急预案等。

（4）空域安全。针对三峡枢纽工程空域安全防控存在的薄弱环节，按照空域安全防范要求，尽快完善三峡枢纽空域安全防御系统，如反无人机主动防御系统，提高空域安全保卫能力；完善协同联动机制，加强安全监管等。

2. 库容保护制度

三峡库区范围广，主要由湖北省、重庆市两地管理，目前存在着管理和保护范围不明确、库容保护制度不完善等突出问题。需要在落实水库管理和保护范围划定工作的基础上，进一步完善库容保护制度。

一是健全完善库区岸线规划制度。《三峡水库调度和库区水资源与河道管理办法》明确了三峡水库岸线利用管理规划制度。2021 年 3 月实施的《中华人民共和国长江保护法》规定，“国家长江流域协调机制统筹协调国务院自然资源、水行政、生态环境、住房和城乡建设、农业农村、交通运输、林业和草原等部门和长江流域省级人民政府划定河湖岸线保护范围，制定河湖岸线保护规划”。按照相关法规政策要求，为加强三峡库区岸线保护与利用管理，应建立健全三峡库区岸线保护与利用管理规划，强化规划对库区岸线管理的指导和约束作用。

二是完善岸线利用管理制度。《中华人民共和国河道管理条例》规定了涉河建设项目审批制度，《长江河道采砂管理条例》确立了河道采砂许可制度。《三峡水库调度和库区水资源与河道管理办法》中也规定了三峡水库管理范围内涉河建设项目审批制度、河道采砂许可制度，并规定了三峡水库管理和保护范围内禁止围垦库区、倾倒垃圾（渣土）、在 25℃以上陡坡地开垦种植农作物、弃置（堆放）阻碍行洪的物体、种植阻碍行洪的林木和高秆作物等危害水库安全的行为。水利部印发的《关于加强河湖管理工作的指导意见》中明确，“要落实水域岸线用途管制，与水功能区划相衔接，将水域岸线按规划划分为保护区、保留区、限制开发区、开发利用区，严格分区管理”。《长江岸线保护和开发利用总体规划》沿用了岸线分区管理制度，将长江岸线划分为保护区、保留区、限制开发区、开发利用区四类功能分区。2021 年 3 月实施的《中华人民共和国长江保护法》中确立了长江流域河湖岸线特殊管制制度。

按照相关法规政策要求，为加强三峡库区岸线利用管理，应进一步健全完善库区涉河建设项目审批制度、河道采砂许可制度、岸线分区管理制度、禁止行为等。并根据《中华人民共和国长江保护法》的要求，实施库区岸线特殊管制制度，严格管控岸线利用行为。

三是要建立库容保护机制。首先，要建立建设项目占用库容调查统计制度，对库区内现有的建设项目可能占用库容的情况进行调查核实，督促地方人民政府履行好监督和管理职能，及时整改违规项目，对占用水库库容提出补偿措施，使水库库容达到动态稳定。其次，要利用全球定位、地理信息和遥感技术，建立库容安全监控信息化机制，加强对库区建设项目的远程动态监控，提高监控响应能力，为保障水库库容安全提供重要的信息化服务。

3. 库区水质安全保护制度

一是要健全水质安全监测制度。以省界、县界等重点区域为重点，加强水质监测；以库湾为重点加强巡测，定期发布库区水质公告。健全库区水质监测网络，及时全面掌握库区及各主要支流的水质状况，增强水污染事件预警能力。积极推进自动监测和远程监控体系构建，加强应对突发性水污染事故的应急监测能力建设，逐步建立水源区保护信息管理与决策支持系统、观测信息共享平台和数字自动预警系统等。

二是要完善水污染物排放总量控制制度。流域管理机构和各级水行政主管部门要依法履行流域水资源保护的重要职责，按照经国家批准的水功能区划对库区水质的要求和水体的自然净化能力，核定相关水域的纳污能力，向相关省级人民政府环境保护行政主管部门提出相关水域的限制排污总量意见，作为相关水域实行水污染物排放总量控制制度的基本依据。对磷矿、磷肥生产集中的长江干支流，有关省级人民政府应当制订严格的总磷排放管控要求，有效控制总磷排放总量；磷矿开采加工、磷肥和含磷农药制造等企业，应当按照排污许可要求，采取有效措施控制总磷排放浓度和排放总量；对排污口和周边环境进行总磷监测，依法公开监测信息。库区各地方人民政府要将库区水污染防治规划纳入地方政府国民经济和社会发展规划，并结合本地区实际制订年度实施计划，按照不同的功能区制订相应的监管政策和标准，明确省界水质控制、入河污染物总控制等保护目标和任务，并逐级分解，落实省界水质考核目标责任制，细化落实省、市、县界水质目标责任制。

三是要完善水污染治理制度，包括面源污染治理、点源污染治理和突发性污染事故应急处理等。面源污染治理方面，要加快库区内已实施的国家和省级生态保护区、生态示范区、特殊生态功能和湿地自然保护区地建设步伐，实施退耕还湿工程、湿地生态恢复工程和农业面源污染控制工程。调整库区农业产业结构，指导农民科学施用农业投入品，减少化肥、农药施用，推广有机肥使用，科学处置农用薄膜、农作物秸秆等农业废弃物。把面污染源的治理、控制纳入水资源保护与水污染防治的监控体系，加大对库区氨氮、总磷等生物处理技术的研究和推广运用。

点源污染治理方面。禁止在库区倾倒、填埋、堆放、弃置、处理固体废物；禁止在库区水上运输剧毒化学品和国家规定禁止通过内河运输的其他危险化学品；统筹库区城乡污水集中处理设施及配套管网建设，并保障其正常运行，提高城乡污水收集处理能力；加强库区排污口管理，对未达到水质目标的水功能区，除污水集中处理设施排污口外，严格控制新设、改设或者扩大排污口；推广工业废污水的生态治理与污水回用技术等。

突发性污染事故处理方面。完善相关信息通报制度；对于可能发生的船舶污染、危险品运输车辆翻覆、污染企业排污等突发性水污染事件，制订库区水污染事故应急预案，为应对事件提供决策支持。

4. 水库管理信息化智慧化保障体系建设

(1) 完善水库运行管理安全综合监测系统。持续优化整合资源，完善三峡水库运行管理安全综合监测系统，包括枢纽工程运行安全、水环境、水生态、水文水资源及泥沙、水土保持、库容、库岸稳定、地震、地质、长江中下游河道状况等的动态监测，推进与相关各级平台实现信息融合共享、互联互通，不断提升三峡水库综合管理服务平台的能力和水平，为三峡水库运行安全管理决策提供技术支撑。

(2) 加强数字孪生三峡工程建设。以数字化、网络化、智能化为主线，以数字化场景、智慧化模拟、精准化决策为路径，围绕防洪安全及精准调度、三峡枢纽工程运行安全管理、三峡水库运行安全管理、三峡后续工作管理和综合决策支持五大板块，开展数字孪生三峡工程建设，进一步提升三峡工程入库洪水预报、调度方案预演模拟精度，实现以三峡工程为核心，联合中下游蓄滞洪区运用的洪水预报、防洪预警、工程调度等数字化场景下全过程模拟预演及预案决策支持；进一步增强水库库容安全、地质安全、水环境安全、水资源安全、水生态安全管理感知能力，显著提升三峡水库运行管理的智慧化模拟、精细化管理与科学化决策水平。

(3) 完善枢纽工程管理智慧化服务。围绕三峡集团公司业务主线，改造、扩展综合办公系统，实现公文管理、财务管理、人力资源管理、物资管理、档案管理、安全生产管理、党群管理、后勤服务管理、园区管理等一站式业务管理功能，为工程管理和公司生产运营提供智慧化服务保障。

（4）加强信息系统安全建设。坚持“预”字当先、关口前移，加强实时雨情水情信息的监测预报和分析研判，强化三峡水库运行安全预报、预警、预演、预案措施。严格规范数据采集和安全防护，强化数据安全管理。按照国务院《关键信息基础设施安全保护条例》等有关要求，落实相关各方责任，积极推进信息系统安全建设，建立健全网络安全保护制度，加强信息系统的日常管理和检修维护，确保信息系统安全可靠、高效运行。

5. 标准化管理制度

按照水利部《关于推进水利工程标准化管理的指导意见》《大中型水库工程标准化管理评价标准》等要求，针对三峡水库特点，从安全管理、运行管护、管理保障等方面，健全完善三峡水库标准化管理制度。

（1）安全管理方面。以行政首长负责制为核心的大坝安全管理责任人和防汛责任人落实，职责明确，履职到位；按照规定划定工程管理范围和保护范围，管理范围设有界桩和公告牌，保护范围和保护要求明确；防汛组织体系健全，防汛抢险应急预案和防汛物料储备制度健全；按规定制订水库大坝安全管理应急预案，突发事件报告和工程抢护机制明确；安全生产责任制落实，建立安全隐患排查治理台账记录，编制安全生产应急预案。

（2）运行管护方面。工程巡视检查、监测监控、操作运用、维修养护和生物防治等管护工作制度齐全、行为规范、记录完整，关键制度、操作规程上墙明示；水库调度规程和调度运用方案（计划）按程序报批，调度规则和要求清晰，调度记录完整。

（3）管理保障方面。管理体制顺畅，管理主体责任落实；人员经费、维修养护经费落实到位，使用管理规范；管养机制健全，岗位设置合理，人员职责明确；编制标准化管理工作手册，细化到管理事项、管理程序和管理岗位；建立健全并不断完善各项规章制度，按规定明示关键制度和规程；档案管理制度健全、规范有序，信息化程度高。

（三）水库调度制度

关于三峡水库调度制度，《三峡水库调度和库区水资源与河道管理办法》《三峡（正常运行期）—葛洲坝水利枢纽梯级调度规程》《长江流域水库群联合调度方案》等已做出较明确规定，特别是水库防洪调度和水量调度。下一步制度化建设主要是针对目前存在的水库群联合调度和生态调度制度、防洪发电生态航运多目标调度协调等问题进行补充完善，明确调度的原则、权限和程序等。此外，要在深入研究控制性水库群防洪作用及对生态环境影响的基础上，研究制订以三峡水库为核心的控制性水库群联合优化调度方案。

1. 水库群联合调度制度

加强对以三峡水库为核心的控制性水库群联合调度管理体制、机制，调度目标、调度条件、调度原则、各相关方事权划分和主要制度等进行研究，统筹协调防汛、抗旱、发电、航运、供水、灌溉和水生态环境保护等方面的关系，逐步建立与完善以三峡水库为骨干，包括防洪抗旱调度，重大水污染与水生态、泥沙等应急调度在内的水库群联合调度制度，加强对水库群联合调度的管理，确保三峡水库防洪安全、水资源优化配置和水生态环境保护目标的实现。

（1）联合调度原则：

——正确处理水库群防洪与兴利、局部与整体、汛期与非汛期、单库与多库等之间的关系；

——坚持兴利服从防洪、电调服从水调的原则；

——坚持分级调度管理原则；

——联合防洪调度时，应在确保各枢纽工程自身安全的前提下，根据需要分担流域防洪任务；

——水库蓄水应综合考虑防洪、供水、航运、发电、泥沙、淹没等多种因素，按承担的防洪任务预留防洪库容、控制蓄水水位；

——枯水期水库下泄流量不小于规定的下限值；

——流域内发生特枯水、水污染、水上安全事故、工程事故等突发事件时，应服从有调度权限的防汛抗旱指挥机构的调度。

（2）联合调度目标：

——确保各枢纽工程自身安全；

——实现各水库防洪目标，并提高流域整体防洪效益；

——保证荆江河段防洪标准达100年一遇，遇1000年一遇洪水时，配合蓄滞洪区运用，保证荆江地区不发生毁灭性洪水灾害；

——提高三峡水库上游重要城镇及重要基础设施的防洪能力；

——减少长江中下游分洪量和蓄滞洪区使用概率；

——提高水库群整体蓄水能力，减少蓄水带来的不利影响；

——减轻特枯水、水污染、水上安全事故、工程事故等突发事件的影响。

（3）联合调度体制机制：

一是明确联合调度权限；

二是建立实时调度中信息通报以及调度命令下达、执行、反馈机制；

三是研究制订特枯年份应急调度预案，建立完善应急调度机制；

四是完善联合调度监测体系，为调度决策提供支撑。

2. 生态调度制度

加强对三峡水库生态调度管理机制、调度目标、调度条件、调度原则、各相关方事权划分和主要制度等进行研究，逐步建立完善三峡水库生态调度制度，确保三峡水库水生态环境保护目标的实现。

（1）生态调度原则：

——尽可能恢复河流自然的水流情势和生态完整性；

——因时、因地、因物种设置生态调度目标。

（2）生态调度机制：

一是建立调度协调机制。综合考虑三峡水库防洪、航运、发电、泥沙、生态等多种调度的特点和要求，以及不同部门主导防洪调度、航运调度、发电调度、泥沙调度和生态调度的实际情况，完善水库生态调度基础上的多目标协调与部门间协同制度；

二是健全调度约束机制。将生态用水调度纳入日常运行调度规程，修订水库调度方案、优化调度规则与命令、强化惩处等。

（四）消落区管理制度

借鉴重庆市、湖北省消落区管理经验，构建三峡水库消落区管理制度，明确各方关系、利益和职责，规范消落区开发利用与保护工作。

1. 明确消落区管理体制

三峡水库消落区面积大、范围广、岸线长，考虑到三峡集团公司作为企业，难以落实管理职责。根据水利部“三定”方案，应当明确由水利部负责消落区管理；对于消落区土地利用，考虑到消落区是三峡水库淹没区的派生资源，是后移民工作的重要组成部分，可采用分省负责、以县为基础的管理体制。因此，三峡水库消落区的管理应坚持“水利部统一管理，重庆市、湖北省具体负责，以县为基础”的管理体制。地方管理上，借鉴重庆市、湖北省的经验，应采取“政府全面负责、三峡水库管理部门综合管理、政府有关部门各司其职”的管理体制。

2. 健全消落区保护制度

《中华人民共和国长江保护法》规定“加强对三峡库区消落区的生态环境保护和修复，因地制宜实施退耕还林还草还湿，禁止施用化肥、农药，科学调控水库水位，加强库区水土保持和地质灾害防治工作，保障消落区良好生态功能”。《重庆市三峡水库消落区管理暂行办法》规定建立保护区、生态修复区，建立消落区清漂保洁长效机制。《湖北省人民政府办公厅关于加强三峡水库消落区管理的通知》（鄂政办函〔2019〕1号）明确将消落区划分为保留保护区域、生态修复区域和重点整治区域。消落区内禁止行为规定详见表4-2。

表 4-2　　消落区内禁止行为一览表

法律法规文件	规定的消落区内禁止行为
《中华人民共和国长江保护法》	禁止施用化肥、农药
《关于加强三峡工程建设期三峡水库管理的通知》	1. 禁止施用化肥、农药 2. 严禁建设除交通基础设施及灾害治理之外的永久性工程
《关于加强三峡工程运行安全管理工作的指导意见》	1. 禁止违法利用、占用三峡水库岸线，严禁向消落区排放污水、废物和其他可能造成消落区生态环境破坏、水土流失、水体污染的行为 2. 从严控制消落区土地耕种，严禁种植高秆作物和施用化肥、农药
《重庆市三峡水库库区及流域水污染防治条例》	禁止在库区消落带从事畜禽养殖、餐饮等对水体有污染的生产经营活动
《重庆市三峡水库消落区管理暂行办法》	1. 在岸线保护区进行围垦和集镇开发、引进污染项目 2. 在岸线保留区、岸线控制区引进污染严重的项目 3. 修坟立碑，遗弃、掩埋动物尸体以及弃土、弃物和填埋其他物体 4. 毁林开荒或种植果树等多年生植物（生物性治理措施除外） 5. 直接排放粪便、污水、废液及其他超过污染物排放标准的污水、废水 6. 使用有污染的农药、化肥 7. 其他可能造成消落区生态环境破坏、水土流失和污染水体的行为以及国家法律法规禁止的行为
《湖北省人民政府办公厅关于加强三峡水库消落区管理的通知》	1. 堆放、倾倒、存贮和填埋固体废物及其他污染物 2. 遗弃、安葬、掩埋人和动物尸体 3. 乱搭乱建临时建筑，乱挖乱采沙土石料 4. 引进可能危害水库生态安全的外来物种 5. 网箱和围塘养殖 6. 饮用水源保护区、城集镇和旅游风景区周边的消落区土地以及坡度25°以上的农村消落区土地禁止进行农业耕种；坡度25°以下的农村消落区从严控制农业耕种，严禁种植高秆作物，严禁施用化肥和农药 7. 其他可能造成消落区生态环境破坏和污染水体的一切活动

按照相关政策法规特别是《中华人民共和国长江保护法》的要求，为加强三峡消落区生态环境保护，维护消落区良好生态功能，应进一步健全完善消落区生态环境保护与修复制度。

3. 完善消落区利用管理制度

一是坚持统一规划，保护为重，综合开发，移民优先原则，健全完善消落区利用规划制度和移民优先使用制度。库区各级人民政府要按照有关法律法规，结合库区实际，制订消落区开发利用的长远规划和近期规划，把依法保护与有序开发有机地结合起来，严禁任何单位和个人擅自开发利用消落区。在不影响水库安全、防洪、发电、生态、环境保护的前提下，可以通过当地县级人民政府优先安排给就近后靠的农村移民使用。除通过当地政府安排给就近后靠的农村移民使用外，其他开发利用土地的活动均应经有关主管部门同意，签订承担保护环境、恢复生态、防治污染、防治地质灾害及保护文物的责任协议，约定权利义务，并按程序和权限向国土资源部门办理临时用地手续。

二是坚持有偿使用的原则，建立消落区有偿使用制度。与一般意义上的滩涂相比，消落区权属更为明确，是国家因建设水利工程而征用，属国有土地，其应该按所有者的意志利用。为维护土地所有者的利益，也为解决库周相邻乡村之间因用地矛盾而发生的冲突，应当在明确土地权属的基础上，采取与其他国有土地相同的有偿使用的办法处置，如拍卖、招标或协议出让等多种方式，分配与组织当地移民群众、企业或单位等使用。

（五）生态环境保护与修复制度

1. 生态空间管控制度

以水域、岸线（消落区）、生态环境敏感区管控为重点，落实水资源消耗上线、水环境质量底线、水生态保护红线，在严格执行现有管控制度的基础上，从规划、用途管制、监测预警、环境准入等方面，健全完善三峡库区水生态空间管控制度体系，主要包括：在水资源刚性约束制度指导下，建立健全生态流量（水位）管控制度、水资源管控分区监测预警制度、水资源超载区取水许可限批制度；建立完善岸线（消落区）分区管控监测制度、库区水环境准入制度、库区产业准入负面清单制度；建立健全以国家公园为主体的自然保护地制度、三峡库区绿色发展机制和生态环境敏感区生态补偿制度等。

2. 生物多样性保护制度

(1) 水生生物保护制度。应通过行政、技术、经济和法律手段，维护水库天然水体环境质量，使水生生物，特别是珍贵、稀有、濒危种类，能正常生长发育，数量增加，种群扩大，使之得到合理、持续利用。

一是建立适合水域生物完整性指数的评价指标体系。调查、收集库区江段的水环境理化指标、浮游生物和鱼类种类组成，借鉴国内外生物完整性研究的成果，建立适合库区水域生物完整性指数的评价指标体系，开展库区水域生物完整性评价。依据评价结果，针对食物链（网）中关键物种种群数量的减少或缺失，开展水域环境改善、生物移植驯化或增殖放流工作，恢复或改善水生生物群落的结构，以达到水域生物群落结构合理、生态过程完整、生态功能正常的目标。

二是建立鱼类保护制度。包括建立鱼类自然保护区，建立水库流域流水生境保护区，满足鱼类繁殖的生理、生态需求。随着库区水域流水生境面积的减少，可选择在江河上游干流，或流程较长、与干流生境相似、鱼类资源丰富、环境现状较好的支流，实施流水生境保护。主要措施，如采用人工浮岛、生物膜、生物控藻等，改善重要栖息地的水环境质量；采取工程和生物措施对重要栖息地的微生境结构进行修复，包括护岸、生态护岸前置库、稳定塘、滚水堤等工程措施，以满足鱼类繁殖的生理、生态需求。逐步启动鱼类的迁地保护工程，以防止自然种群的消失而导致物种灭绝。另外，还要建立实施珍稀鱼类人工繁殖放流制度。

(2) 陆生动植物的保护制度。

一是在库区生态环境监测网络中建立陆生动植物子系统和陆生植物观测实验站，对陆生动植物及其栖息环境进行全过程的跟踪监测。

二是建立陆生生物保护区（点）。

3. 地质灾害防治制度

(1) 地质灾害防治原则。

一是以防为主，防治结合。妥善处理工程治理、搬迁避让和监测预警的关系，以尽可能小的代价获取最大的防治效果。

二是重点保护移民迁建区人民生命财产安全。

三是实行行政分级负责，统筹兼顾、综合治理。将地质灾害防治与移民迁建、城市规划、市政建设、土地资源保护、环境治理、库区社会和经济发展有机结合起来。

(2) 主要制度内容。

一是对保护对象构成威胁和危害的崩塌、滑坡、不稳定库岸以及移民搬迁建设不可避免形成的高切坡实行分级申报负责制，各地方政府负责组织全面调查，并保证申报资料的可靠性。

二是库岸防护与新城镇迁建应有机协调、衔接，防止新城建设中的“开膛破肚”、乱堆乱放弃土等情况出现；搞好排水系统，尽量减少城镇建设人为活动不当而造成库岸失稳、滑坡问题。

三是有机结合库岸防护与滑坡治理，标本兼治。

四是库岸防护结合港口建设、沿江公路建设、沿江城市造地、城镇绿化等进行统筹规划、综合治理。

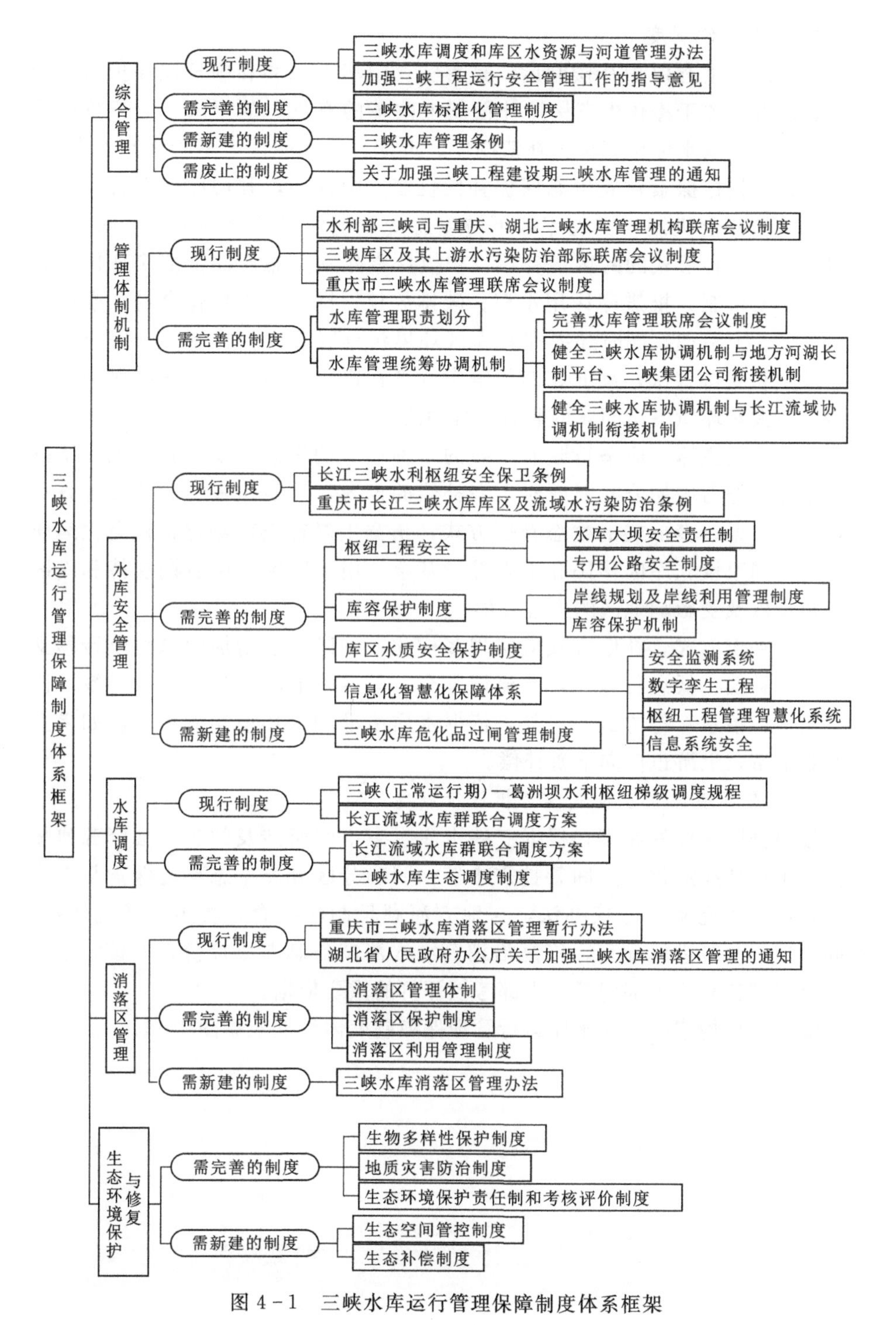

图 4-1　三峡水库运行管理保障制度体系框架

4. 生态补偿制度

建立健全生态保护补偿制度，是落实《中华人民共和国长江保护法》和中办、国办《关于深化生态保护补偿制度改革的意见》的要求。应分阶段推进建立健全三峡水库生态保护补偿制度。近期，可在库区上下游之间以水质、漂浮物量等指标探索建立生态保护补偿机制。中远期，开展库区下游对库区的生态保护补偿机制，实现库区下游生态受益地区以资金补助、定向援助、对口支援等多种形式的跨区域补偿。积极探索建立生态产品价值实现机制和市场化交易机制，推进库区用水权、碳排放权、排污权市场化交易，推行环境污染第三方治理。同时还要完善库区环境污染联防联控机制和预警应急体系，鼓励和支持重庆、湖北、四川等省（直辖市）共同设立水环境保护治理基金，加大对环境突出问题的联合治理力度。

（1）补偿主体。应坚持政府主导的多种形式的生态补偿方式。既要坚持政府主导，努力增加公共财政对生态补偿的投入，又要积极引导社会各方参与，探索多渠道多形式的生态补偿方式，拓宽生态补偿市场化、社会化运作的路子。国家设立库区移民和生态补偿基金，用于库区移民后期扶持和库区生态建设以及受影响地区的生态补偿。

（2）补偿方式。补偿方式应实现多样化，可以采取增加国家财政转移支付、专项补偿、低息贷款、建立流域基金、上游向下游转让排污权、签订协议（用水、治水）等方式。另外，依据水质标准和水环境功能要求，如果上游污染下游，上游也应向下游补偿。

5. 生态环境保护责任制和考核评价制度

按照分区管控的原则，根据三峡水库生态空间所涉及的各区县资源禀赋差异、生态功能定位、空间管控需求等，明确分区分类生态环境保护与空间管控指标，研究制订考核办法，与地方河湖长制相结合，将生态环境保护、空间管控、政策措施配套、修复治理等纳入河湖长制考核评价，考核结果作为各级河湖长和相关部门领导干部考核评价的重要依据。

综上，拟构建的三峡水库运行管理保障制度体系框架见图 4-1。

第五章 三峡水库运行管理重要制度建设

三峡水库运行管理涉及部门和层级多、领域广、影响范围大，上述制度体系框架中明确的管理制度非常多，不可能一蹴而就全面制订修订，需要按照轻重缓急逐步推进完善。根据三峡水库管理实际需求和主管部门意见建议，本章在制度体系框架中挑选出了五项重要制度开展深入研究，提出有关制度建设内容或措施。其中在管理体制机制方面重点分析重大事项统筹协调机制，在水库安全管理制度方面重点分析枢纽工程运行安全特别是危化品过闸风险防控制度以及库区安全管理，在水库调度制度方面重点分析生态调度长效机制，在消落区管理制度方面重点分析消落区监管，在生态环境保护与修复制度方面重点分析生态保护补偿制度。

一、三峡水库管理重大事项的统筹协调机制

三峡水库是我国的一项特大型水利枢纽工程，其运行管理涉及水利、交通运输、生态环境、自然资源、林业和草原、农业农村等诸多领域，涉及中央、地方与企业多个管理主体和管理层级，建立健全沟通顺畅且协同联动的统筹协调机制是运行管理好三峡水库的客观需要。

（一）重大事项统筹协调机制总体考虑

对于三峡水库管理的重大事项，如防洪、航运、发电等，往往是涉及 2 个及以上管理主体或层级，实际管理中必然需要部门或层级之间的统筹协调机制。根据前述水库管理现状与问题分析，对照当前三峡水库管理职责划分情况（表 5－1），主要从以下三个方面考虑如何建立健全三峡水库重大事项统筹协调机制。

表 5-1　　三峡水库管理部门及其主要职责

序号	部门	主要职责
1	水利	组织提出三峡工程运行的有关政策建议，组织指导三峡工程运行调度规程规范编制并监督实施。指导监督三峡工程运行安全和三峡水库蓄退水安全工作。承担三峡工程投资管理和建设收尾有关工作，组织三峡工程验收有关工作。组织和协调三峡水运新通道有关工作。研究提出三峡后续工作规划调整完善的意见建议，负责组织规划实施的动态监测、中期评估和后评价工作。负责制订三峡后续工作年度实施意见，组织项目申报和合规性审核并监督检查项目实施情况。负责三峡后续工作专项资金使用管理和绩效管理有关工作，研究提出年度资金分配建议方案并对执行情况进行监督。组织落实三峡库区基金绩效管理和中央统筹部分的安排使用，组织落实三峡库区工程维护和管理。承办部领导交办的其他事项
2	生态环境	负责三峡水库水质保护、环境污染治理、生态保护修复等的监督管理
3	交通运输	负责三峡船闸和三峡升船机运行管理，三峡库区沿岸港口、航运设施建设管理，船舶生活污水、垃圾、油类及洗仓水等防污处理的监督，危险化学品运输管理等
4	自然资源	负责三峡库区城镇规划、地质灾害防治，组织实施有关生态环境修复重大工程等
5	林业和草原	负责三峡库区风景名胜区资源保护和利用、水库周边防护林带管理、湿地保护与管理等
6	农业农村	负责三峡库区畜禽养殖场粪污处理、合理施用农药和化肥等防止农业面源污染的指导和监督，负责水生生物保护与渔业管理等
7	湖北省、重庆市人民政府	承担三峡水库和三峡库区属地管理职责
8	三峡集团公司	负责三峡枢纽工程运行管理，承担三峡枢纽工程运行调度任务

一是优先考虑高等级的国家层面长江流域协调机制。考虑三峡水库管理涉及方方面面的事项比较多，跨层级、跨部门需要统筹协调的事项较多，需要国家高层次从长江大保护的战略性、综合性视角进行统筹协调机制。

二是充分利用现有统筹协调机制。在国家长江流域协调机制建立之前，可在考虑现实基础上，最大限度利用已运作的现有统筹协调机制，注重实际可操作性。如在全国层面，可以利用河湖长制工作部际联席会议制度，将三峡水库管理中涉及河道、水域、岸线、消落区的重大事项，提交河湖长制工作部际联席会议进行统筹协调解决；在流域、地方和枢纽层面，也都尽量借助现有统筹协调机制，解决三峡水库管理中的重大事项统筹协调问题。

三是更加突出流域治理管理作用。考虑三峡水库在长江流域中的地位与作用，坚持区域管理与流域管理相结合的原则，按照水利部强化流域治理管理工作会议精神，以及强化流域统一规划、统一治理、统一调度、统一管理的任务要求，更加突出在长江流域层面强化三峡水库重大事项统筹协调，充分发挥国家长江流域协调机制在统筹协调三峡水库重大事项方面的作用，强化长江水利委员会在统筹协调三峡水库重大事项方面的作用。

（二）长江流域协调机制

《中华人民共和国长江保护法》第四条规定："国家建立长江流域协调机制，统一指导、统筹协调长江保护工作，审议长江保护重大政策、重大规划，协调跨地区跨部门重大事项，督促检查长江保护重要工作的落实情况。"这为三峡水库管理重大事项统筹协调在国家层面搭建了平台。

同时，《中华人民共和国长江保护法》第五条规定："国务院有关部门和长江流域省级人民政府负责落实国家长江流域协调机制的决策，按照职责分工负责长江保护相关工作。"第六条规定："长江流域相关地方根据需要在地方性法规和政府规章制定、规划编制、监督执法等方面建立协作机制，协同推进长江流域生态环境保护和修复。"这两项条款明确了长江流域协调机制决策的落实责任主体，也为三峡水库重大事项统筹协调明确了责任主体。

目前，国家尚未公布长江流域协调机制架构、协调机制的具体办事机构以及机制的启动、运行流程、协调的权责等，尚不清楚长江流域协调机制建设进展，但并不妨碍机制建成后作为三峡水库重大事项统筹协调机制的最高等级平台。

（三）发挥现有相关统筹协调机制的作用

在三峡水库运行管理部级联席会议制度建立之前，三峡水库运行管理重大事项可通过现有一些统筹协调机制予以解决，包括全面推行河湖长制工作部际联席会议制度、长江流域协调机制、长江流域省级河湖长联席会议机制、湖北省和重庆市建立的省（直辖市）层面水库管理联席会议制度、三峡水利枢纽四级安保工作协调机制等。

1. 全面推行河湖长制工作部际联席会议制度

2021年3月，《国务院办公厅关于同意调整完善全面推行河湖长制工作部际联席会议制度的函》（国办函〔2021〕21号），明确了全面推行河湖长制工作部际联席会议制度的主要职责、成员单位、工作规则和工作要求。2021年5月，水利部印发《全面推行河湖长制工作部际联席会议工作规则》《全面推行河湖长制工作部际联席会议办公室工作规则》（水河湖函〔2021〕70号），进一步细化明确了全面推行河湖长制工作部际联席会议工作规则，制定了全面推行河湖长制工作部际联席会议办公室工作规则。根据上述文件，全面推行河湖长制工作部际联席会议的主要职责是：①贯彻落实党中央、国务院关于强化河湖长制的重大决策部署；②统筹协调全国河湖长制工作，研究部署重大事项；③协调解决河湖长制推行过程中的重大问题；④监督检查各地河湖长制工作落实情况；⑤完成党中央、国务院交办的其他事项。

三峡水库重大事项纳入全面推行河湖长制工作部际联席会议，需要着重考虑的几个问题是：什么样的事项纳入联席会议？列入哪些会议？按照什么样的流程提交联席会议？

对于纳入全面推行河湖长制工作部际联席会议的重大事项，必须是既涉及河湖长制又涉及三峡水库管理的重大事项，主要有：①在三峡水库贯彻落实党中央、国务院关于强化河湖长制的重大决策部署，必须在中央层面予以统筹协调的事项；②三峡水库推行河湖长制过程中，需要联席会议予以协调解决的重大问题；③其他需要联席会议统筹协调的重大事项。

全面推行河湖长制工作部际联席会议实行全体会议、专题会议制度。同时，全面推行河湖长制工作部际联席会议办公室还不定期召开联席会议办公室会议。三峡水库管理重大事项可以按照重要性和紧迫性分别纳入这三类会议。对于中央层面统筹协调的一般性三峡水库管理重大事项，可以纳入联席会议办公室会议议程。如果联席会议办公室会议认为有必要提交更高层级会议，再纳入联席会议专题会议议程，直至纳入联席会议全体会议议程。

在程序上，需要统筹协调的三峡水库管理重大事项，可由水利部三峡工程管理司或河湖管理司专报联席会议办公室副主任（水利部河湖管理司主要负责同志兼任）和联席会议办公室主任（水利部分管负责同志兼任），由联席会议办公室主任决定是否召开联席会议办公室会议，以及参会的部门和人员范围。如果联席会议办公室会议认为有必要，可将该重大事项提交联席会议专题会议或全体会议予以统筹协调。

2. 长江流域省级河湖长联席会议机制

按照全面推行河湖长制工作部际联席会议要求，水利部于2022年1月正式印发文件，建立了长江流域省级河湖长联席会议机制。联席会议由青海、四川、西藏、云南、重庆、湖北、湖南、江西、安徽、江苏、上海、甘肃、陕西、河南、贵州等15省（自治区、直辖市）人民政府和长江水利委员会组成。联席会议包括全体会议和专题会议，定期或不定期召开，全体会议的召集与承办实行轮值制度。联席会议办公室设在长江水利委员会。

比照三峡水库管理重大事项纳入全面推行河湖长制工作部际联席会议的主要做法，三峡水库管理重大事项纳入长江流域省级河湖长联席会议机制，可以做如下原则性安排。

对于纳入长江流域省级河湖长联席会议机制的重大事项，必须是既涉及河湖长制又涉及三峡水库管理的重大事项，需要在流域层面予以统筹协调解决。可根据事项的重要性和紧迫性，纳入长江流域省级河湖长联席会议全体会议或专题会议议程。在程序上，需要统筹协调的三峡水库管理重大事项，可由地方人民政府或长江水利委员会报联席会议办公室或轮值方，由联席会议办公室或轮值方决定是否提交专题会议或全体会议统筹协调解决。如果联席会议办公室会议认为有必要，可将该重大事项提交全面推行河湖长制工作部际联席会议专题会议或全体会议予以统筹协调。

3. 省级水库管理联席会议制度

三峡工程建设过程中，湖北省和重庆市先后建立了省（直辖市）层面的水库管理联席会议制度，统筹协调解决管理工作中的跨部门、跨行业重大问题，保障了三峡工程顺利建成并运行发挥效益。省（直辖市）层面的水库管理联席会议制度，也为转入运行管理期的三峡水库管理重大事项统筹协调奠定了基础。

湖北省和重庆市为加强本辖区三峡水库管理工作协调，形成了联席会议制度，并通过联席会议制度，解决管理工作中跨部门、跨行业的重大问题。如重庆市三峡水库管理联席会议由重庆市三峡水库管理局主持，重庆市发展改革委、水利局、环保局、国土房管局、建设委员会、经济委员会、交通委员会、农业局、林业局、规划局、港航局、卫生局、旅游局、公安局、文化局、广电局、园林局、市政委、环卫局、重庆海事局等单位为成员。联席会议下设办公室，办公室设在市三峡水库管理局，负责日常工作的办理。各成员单位分别确定一名处级干部为联络员，负责联席会议日常工作的沟通联络。联席会议的主要任务是：传达国务院、国务院三峡建委和重庆市委、市政府关于三峡水库管理工作的重大部署，研究贯彻落实措施；研究重庆市三峡水库各项管理规章制度的制订工作，审定水库管理工作目标、措施；研究、确定重庆市三峡水库目标管理考核办法；通报三峡水库水环境质量，生态环境状况及水库运行情况；通报、研究各区（县）、市级各部门水库管理工作情况；通报、研究三峡库区资源开发、利用、保护有关问题，以及与三峡水库有关的各项规划的制订和实施情况，提出有关建议；研究开展三峡库区联合执法检查工作相关问题并提出建议等。

重庆市三峡水库管理联席会议原则上每年召开一次，也可根据工作需要由主持单位决定临时召开，或根据议题召开专题会议。联席会议办公室负责在会前商有关成员单位研究和提出会议主要议题，形成会议初步方案报主持人批准后召开。会议作出的决定，由有关单位按照部门职能分工具体落实；执行中发生的问题由有关部门协调处理，重大问题经联席会议研究并及时报告重庆市政府决定。

4. 三峡水利枢纽四级安保工作协调机制

《长江三峡水利枢纽安全保卫条例》（2013年9月9日，国务院令第640号）明确了包括中央、湖北省、宜昌市、三峡枢纽运行管理单位在内的四级安保工作协调机制，为涉及三峡枢纽工程管理的重大事项统筹协调提供了平台。

根据《长江三峡水利枢纽安全保卫条例》规定，各方职责是：

(1) 国务院确定的机构负责沟通协调和研究解决三峡枢纽安全保卫工作中的重大事项。

(2) 湖北省人民政府负责组织建立由长江流域各省、直辖市人民政府以及国务院有关部门和单位参加的三峡枢纽安全保卫指挥系统，制订三峡枢纽安全保卫方案，并做好信息沟通和汇总研判工作。

(3) 宜昌市人民政府负责组织建立由三峡枢纽运行管理单位、三峡通航管理机构、公安机关、人民武装警察部队等组成的三峡枢纽安全保卫指挥平台，统一管理三峡枢纽安全保卫工作。

(4) 三峡枢纽运行管理单位应当加强与三峡安全保卫区内其他机构、单位的沟通协调，并依法提供必要的保障和业务指导。三峡枢纽运行管理单位是安全生产、治安保卫重点单位，应当依法落实安全生产、治安保卫重点单位职责，建立安全运行监测体系；对重要部位、特种设备进行重点排查梳理，加强对重要岗位工作人员的背景审查及其身份核对。

(5) 宜昌市人民政府应当会同三峡枢纽运行管理单位加强三峡枢纽安全保卫区及其周边地区社会管理综合治理，落实治安联防制度，维护社会秩序，防范针对三峡枢纽的破坏活动。

(6) 长江流域各港口、码头应当建立由经营管理单位法定代表人负责的安全保卫制度，消除拟进入三峡枢纽安全保卫区的船舶的安全隐患。拟进入三峡枢纽安全保卫区的船舶应当建立由船舶所有人、经营人负责的安全保卫制度，依法对船员、乘客和货物进行安全检查和登记。

(7) 三峡通航管理机构应当依照本条例和国务院交通运输部门制定的三峡枢纽通航安全管理规定，对拟过闸的船舶进行安全检查、航运调度指挥。

(8) 负有三峡枢纽安全保卫职责的地方人民政府、部门和单位，应当按照《中华人民共和国突发事件应对法》的规定，制订各类突发事件的应急预案，组织培训应急救援专业力量，定期开展联合演练；三峡枢纽运行管理单位应当对三峡枢纽安全保卫区内发生的突发事件进行先期处置。

二、三峡水库生态调度长效机制

生态调度的核心思想是通过调度手段增加流态的多样性，通过流态的多样性增加生物物种生境的多样性，通过生物物种生境的多样性增加水生生态系统、生物物种的多样性。

（一）生态调度基本内涵及水库生态调度需求

狭义上，水库生态调度是一种侧重服务于生态，以确保水库生物某一特定种群及其生态系统处于良好发展状态，实现生态效益目标的一种调度方式。广义上，水库生态调度是一种侧重服务于生态，以确保水库及其下游生物多样性、生物群落及其生态系统处于良好发展状态，实现生态综合效益目标的一种调度方式。

传统的水库调度多数立足于防洪、兴利两种调度目标，通过系统均衡化的技术手段以提高防洪、发电、航运、供水等综合效益。但是随着社会发展，水库调度目标越来越多，水库调度问题也越来越复杂。近年来，水库环境问题越来越突出，水库调度不仅仅要求调度好水库多功能综合效益问题，还要求在提高水库多功能效益的同时提高水库生态和环境效益。为此，在水库调度技术层面上，还需要在传统调度方法基础上加入水库生态环境要素。

我国水库各式各样，功能效益及其目标不同，相应的水库调度方式不同。其中，单一目标调度有：防洪调度、发电调度、航运调度、灌溉调度、泥沙调度等，多目标调度有：水、电联合调度，防洪、发电、航运、供水、泥沙多目标调度，水生态调度，水库环境调度，水库生态环境调度。水库调度技术、调度手段不断完善，其发展方向主要有：①水库水资源综合利用与水库群联合调度；②单流域水库调度与复合型流域水库调度；③防洪、兴利相结合生态环境调度；④流域-河流-水库-湖泊水资源配置与联合调度；⑤水库智能化调度。

1. 现行调度过程存在的问题

根据杨国录等在《三峡水库群生态环境调度关键技术研究》[1]中的成果，三峡水库现行调度过程存在的问题主要有以下四个方面：

（1）防洪汛期存在的问题。汛期基本维持基本固定的145m汛限水位，时长112d（6月10日—9月30日），主要生态环境问题如下。

1）防洪：丰水年起调水位偏高、防洪能力较低；平水年和枯水年起蓄水

---

[1] 杨国录，陆晶，骆文广. 三峡水库群生态环境调度关键技术研究［M］. 北京：科学出版社，2018.

位偏低，蓄水能力不足。

2）发电：汛期低于设计水头运行（74～78m，<80.6m）、无径流调节能力，电厂出力不足与水库大量弃水并存。

3）通航：汛期来流流量大、低水位运行，库区流速大、回水短，大型船队通航困难。

4）库区：汛期145m与高水位175m水位差大，消落带大量出露，两栖区域很大，灾变风险增大。

（2）蓄水期存在的问题：

1）起蓄水位偏低：汛期低水位运行过长，起调水位过低。

2）起蓄时间偏厚：汛后9月1日起蓄时间节点偏后，蓄满风险大。

（3）枯水期（175m）存在的问题。枯水期维持基本固定的175m水位，时长60d（11月1日—12月31日），主要生态环境问题有：

1）支流分层流稳定，动水环境不明显。

2）干支流水深很大，水温分层，污染物难于对流扩散。

（4）汛期消落期（175～145m）存在的问题：

1）消落起始时间过早，易于消减备用库容。

2）水位消落过于均衡，不利于水库下游5—6月水生动物繁衍需求。

3）消落出流过程平稳，难于满足下游季节性环境流量、环境水位需要。

4）可调能力不够，不利于下游突发性环境事件和河口压咸需求。

2. 生态调度需求

根据三峡水库水生态环境现状，结合三峡水库水生态环境改善目标的具体要求，三峡水库生态调度需求主要有以下四个方面：

（1）三峡库区支流水华防控调度需求：①香溪河河口水位涨落幅度需求；②香溪河河口水位涨落频率需求；③香溪河河口涨落（正负）流量大小需求。

（2）三峡库区水环境安全保障调度需求：①三峡库区水位涨落幅度需求；②三峡库区槽蓄流水量涨落幅度需求；③三峡库区水位涨落幅度需求。

（3）三峡水库下游生态环境改善调度需求。长期（调度）保障下游良性生态环境的三峡水库年内出流过程线需求。长期调度目标要求：①长期保持长江中下游水体达到Ⅱ类到Ⅲ类水标准；②长期保证长江中下游重要取水口取水保证率达到98%；③长期保证长江中下游环境流量和环境水位。

中短期调度（年内）三峡中下游四大家鱼繁衍条件续期的水库出流过程。要求具有暴涨暴落特性的人造洪峰过程、水温过程、流态、水深。

应急调度（日内）三峡下游重要取水河段发生突发性环境事件需求。发生突发性环境事件时，要求5日内改善环境质量。

（4）三峡水库下游长江口压咸环境改善调度需求。中短期调度（年内）

满足长江口压咸流量过程线，包括过程线形态、枯水期最小流量、咸水上溯期压咸流量。

（二）实施生态调度的政策要求

《中华人民共和国水法》《中华人民共和国长江保护法》《中华人民共和国水污染防治法》等均对水利工程生态调度做出了明确规定。

《中华人民共和国水法》第三十条规定：县级以上人民政府水行政主管部门、流域管理机构以及其他有关部门在制订水资源开发、利用规划和调度水资源时，应当注意维持江河的合理流量和湖泊、水库以及地下水的合理水位，维护水体的自然净化能力。

《中华人民共和国长江保护法》第三十一条规定：国家加强长江流域生态用水保障。国务院水行政主管部门会同国务院有关部门提出长江干流、重要支流和重要湖泊控制断面的生态流量管控指标。其他河湖生态流量管控指标由长江流域县级以上地方人民政府水行政主管部门会同本级人民政府有关部门确定。

国务院水行政主管部门有关流域管理机构应当将生态水量纳入年度水量调度计划，保证河湖基本生态用水需求，保障枯水期和鱼类产卵期生态流量、重要湖泊的水量和水位，保障长江河口咸淡水平衡。

长江干流、重要支流和重要湖泊上游的水利水电、航运枢纽等工程应当将生态用水调度纳入日常运行调度规程，建立常规生态调度机制，保证河湖生态流量；其下泄流量不符合生态流量泄放要求的，由县级以上人民政府水行政主管部门提出整改措施并监督实施。

《中华人民共和国水污染防治法》第二十七条规定：国务院有关部门和县级以上地方人民政府开发、利用和调节、调度水资源时，应当统筹兼顾，维持江河的合理流量和湖泊、水库以及地下水体的合理水位，保障基本生态用水，维护水体的生态功能。

《三峡水库调度和库区水资源与河道管理办法》（2008 年 11 月 3 日水利部令第 35 号发布 根据 2017 年 12 月 22 日《水利部关于废止和修改部分规章的决定》修正）对三峡水库生态调度做出了原则规定：三峡水库的水量分配与调度，应当首先满足城乡居民生活用水，并兼顾农业、工业、生态与环境用水以及航运等需要，注意维持三峡库区及下游河段的合理水位和流量，维护水体的自然净化能力。

（三）三峡水库生态调度试验情况

三峡水库生态调度的运行与管理，除了考虑水库防洪、发电、航运等调度外，还要考虑抗旱、大坝安全及库区边坡稳定等众多因素，随着长江上游河流大规模梯级开发和水电站群的建设和运行、区域社会经济的高速发展、中下游综合性用水需求增加、不同相关利益方对生态环境的认识（包括范围、重要性和需求）提高等，使得三峡水库生态调度成为涉及多个目标、多种约束、多种影响构成的复杂系统，其调度模式、管理运行机制、调度效果的评价指标体系等也发生变化，这些都给枢纽调度管理带来前所未有的挑战。可以说，三峡水库的调度管理是具有世界难度的、动态目标的决策过程。

2011年以来，三峡水库连续多年实施生态调度试验，逐步探索生态调度的边界条件及其实施效果，为建立常态化的生态调度长效机制奠定了基础。李朝达等[1]分析了三峡水库运行以来四大家鱼产卵的生态水文响应变化，结果表明：三峡水库在四大家鱼繁殖期采取了积极的生态调度运行方式，当前刺激四大家鱼产卵的涨水关键生态水文指标为鱼类感觉日流量涨幅、鱼类感觉累积流量涨幅、流量日增长和流量总增长，总体上三峡水库生态调度对四大家鱼产卵具有较好的促进作用。徐薇等（2020年）[2]对2012—2018年三峡水库生态调度试验对四大家鱼产卵的影响情况进行了分析（2012—2018年三峡水库生态调度实施情况见表5-2）。从四大家鱼繁殖响应时间来看，在生态调度后的1～3d，宜都至沙市江段的四大家鱼就陆续开始产卵。根据历年沙市断面四大家鱼鱼卵密度与枝城水文站水位变化的相应关系得出，每年5月中旬—7月上旬，只要有明显的涨水过程都能监测到四大家鱼产卵活动，而持续退水过程中几乎都没有家鱼繁殖。2012年和2017年为四大家鱼繁殖对三峡生态调度响应情况较好的年份，单日最大鱼卵密度均出现在生态调度的人造洪峰过程，表明生态调度的实施能够促进四大家鱼大规模繁殖发生。

为进一步扩大三峡水库的生态功能，自2020年起，三峡水库生态调度范围由坝下江段拓展至库区，目标鱼类也由以四大家鱼为主的产漂流性卵鱼类拓展至以鲤鱼、鲫鱼为主的产黏沉性卵鱼类。2年来的试验表明，调度促进库区特定鱼类繁殖效果明显。其中，2022年4月12—16日首次针对库区产黏沉性卵鱼类繁殖开展了为期5d的生态调度试验，库区起始调度水位164.90m，后严格控制日水位变幅不超过0.2m，为产黏沉性卵鱼类繁殖创造了有利条件。初步监测结果表明，试验期间，库区干支流均有鱼类产卵繁殖，部分人工鱼巢上观测到大量鱼卵黏附，试验效果良好。

---

[1] 李朝达，林俊强，夏继红，等．三峡水库运行以来四大家鱼产卵的生态水文响应变化［J］．水利水电技术（中英文），2021，52（5）：158-166．

[2] 徐薇，杨志，陈小娟，等．三峡水库生态调度试验对四大家鱼产卵的影响分析［J］．环境科学研究，2020，33（5）：1129-1139．

表 5-2　　2012—2018 年三峡水库生态调度实施情况

调度日期	流量日增幅 /(m^3/s)	水位日涨幅 /m	涨水持续时间 /d	调度起始水温 /℃
2012 年 5 月 25—31 日	800～5300 (2425)	0.19～1.80 (1.02)	4	21.5
2012 年 6 月 20—27 日	600～2600 (1600)	0.23～1.06 (0.64)	4	23.0
2013 年 5 月 7—14 日	660～3200 (1260)	0.38～1.05 (0.51)	9	17.5
2014 年 6 月 4—7 日	940～1450 (1230)	0.36～0.53 (0.46)	3	21.1
2015 年 6 月 7—10 日	25～6910 (3180)	0.11～2.77 (1.30)	4	22.0
2015 年 6 月 25—28 日	5325～6275 (5800)	1.58～2.07 (1.83)	2	23.3
2016 年 6 月 9—11 日	750～2925 (1775)	0.21～0.89 (0.55)	3	22.5
2017 年 5 月 20—25 日	600～1700 (1080)	0.22～0.71 (0.43)	5	20.3
2017 年 6 月 4—9 日	400～3500 (1365)	0.18～1.34 (0.51)	6	21.8
2018 年 5 月 19—25 日	1125～2800 (1825)	0.43～0.84 (0.58)	5	21.0
2018 年 6 月 17—20 日	675～1975 (1440)	0.27～0.77 (0.56)	3	23.5

注：括号中数值为平均值。

(四) 三峡水库生态调度长效机制建设

1. 实施生态调度的总体框架

实施水库生态调度涉及经济、技术、管理等多方面的问题，需要建立一套完整的框架体系。参考国外河流生态修复相关的实践经验，综合国内有关学者关于长江流域生态调度的研究和三峡水库生态调度试验情况，实施水库生态调度的总体框架如图 5-1 所示。

(1) 辨析水库运行的生态环境影响。明确水库运行的生态环境影响是水库生态调度的前提。评价和预测水库运行后已经出现和可能出现的生态环境问题，将这些关心的生态环境问题与水库的运行调度建立因果对应关系，就能明确由水库调度引起的生态问题和可以由水库生态调度解决的问题。针对不同类型的水库和调度方式，辨析其生态环境影响的范围与程度，能帮助了解生态调度的潜力，从而为水库生态调度指明方向。

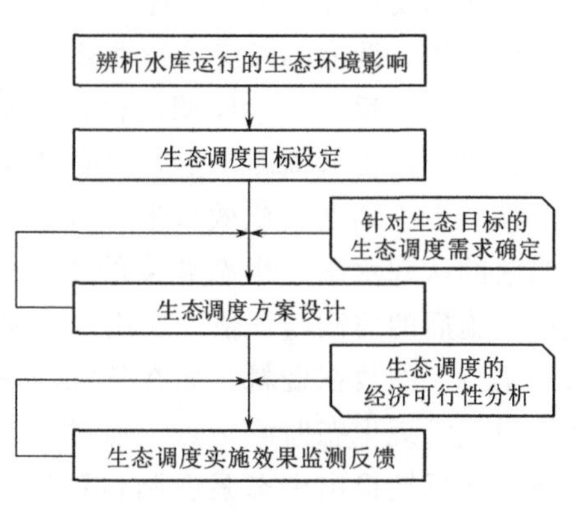

图 5-1　水库生态调度的总体框架

(2) 生态调度目标设定。生态调度目标设定即河流生态保护/修复目标的设定，就是确定将哪些生态目标纳入水库调度的考虑范围。针对水库运行生态环境影响范围与程度，采取多部门、多行业重要利益相关方参与的方式，列出水库影响范围内河流优先生态保护目标，如重要的水生生物（珍稀特有鱼类和重要的经济鱼类）、水质（含水温、溶解氧等）、泥沙与河势、湿地和洪泛平原等重要生境以及其他可能涉及的生态目标等。由于生态问题涉及面广，生态调度目标的设定宜突出重点，与经济社会发展水平相适应。三峡水库的生态调度目标需要关注水库运行对长江中华鲟繁殖的影响，对长江洞庭湖和鄱阳湖的影响，有条件的情况下可考虑对四大家鱼的影响。三峡水库将四大家鱼列入生态调度目标，就应该明确在什么时候、需要保证多大的生态流量过程（如人造洪峰），其历时与频率如何等。限于目前的基础资料和研究水平，还很难科学地提出针对具体生态目标的生态流量需求，这是我国生态调度面临的一个难点问题。

（3）生态调度方案设计。根据设定的生态保护目标及其生态调度需求，确定水库的生态调度方案。由于水库运行的多目标性，将生态调度纳入到水库的运行调度目标之中，需要将生态调度方案与已有的水库常规调度进行综合统筹，通过多目标优化决策技术，将生态调度需求作为目标函数或刚性约束条件，优化调整已有水库调度方案，使水库在尽可能减小兴利效益的条件下满足设定的生态调度目标。通过这种嵌入式的设计，使得水库生态调度方案与已有兴利调度方案有机耦合，保证生态调度方案的优化性和长效性。对于规划水库的生态调度方案设计，可同时结合优化梯级水库布局方案和联合运用方式来考虑。如可考虑由梯级水电站末级水库主要承担生态调度任务，上游水库以发电补偿末级水库等。

（4）生态调度的经济可行性分析。在生态调度方案的优化设计完成之后，通过水库实际运行或水库调度模拟，对比实施生态调度前后水库防洪、兴利效益情况，评价（预测）生态调度对水库常规调度的影响。

（5）生态调度实施效果监测反馈。河流生态是一个极其复杂的系统，限于当前的认知水平，生态调度的成果很难定量评估，因此，需要加强对生态调度实施后的监测与评估，在流域重要和敏感的生态区域建立生态监测体系，采集第一手的数据资料。如在长江流域的生态敏感区和重要的生态保护目标区域设置常规生态监测站点，通过生态指标的观测评价上游水库生态调度的成效，并反馈提出生态调度调整意见。通过对生态调度效果相关资料的监测反馈，逐步加深对生态保护目标的生态调度需求的认识，通过适应性过程不断调整水库生态调度方案，从而使生态调度日臻完善。

2. 调度协调机制

综合考虑三峡水库防洪、航运、发电、泥沙等多种调度的特点和要求，以及不同部门主导防洪调度、航运调度、发电调度、泥沙调度和生态调度的实际情况，统筹提出考虑生态调度基础上的多目标协调与部门间协同的有关制度措施，实现生态、防洪、抗旱和兴利综合效益的兼顾。

(1) 生态调度与防洪抗旱调度的协调。防洪抗旱调度在我国水资源调度管理中处于头等重要的地位，其他一切调度目标均服从于防洪抗旱调度。防洪调度以控制运行水位、削减洪峰为目标，仅在出现可能对下游防洪安全构成威胁时实施调度。而抗旱调度一般在干旱灾害出现时实施，属应急调度。总的来说，防洪调度和抗旱调度均是极端情况下的调度，干预时间短，对生态调度的影响不大。防洪与抗旱调度是水库社会效益的主要组成部分，并且有专门的国家法律法规支撑，生态调度应服从于防洪抗旱调度，尽可能与防洪抗旱调度相结合，在防洪抗旱调度中兼顾生态调度。

(2) 生态调度与兴利调度的协调。兴利是水库建设的重要目的之一，发电涉及电站的核心利益，供水、航运则是水库重要的社会服务功能。但生态调度是实现水资源可持续利用的重要措施，兴利调度应服从生态调度。

1) 与发电调度的协调。三峡水电具有较好的调峰能力，担负着电力系统的重要调峰任务。发电调度与生态调度的协调，一方面需要合理安排电站的调峰和发电任务，根据生态敏感程度牺牲一定的调峰性能和发电量，确保梯级下游产生合适的生态基流；另一方面，如果调峰运行与下游河道生态需求很好地结合，控制得当，也能起到天然水文过程中洪水和枯水的生态作用，对于保持河流生态多样性具有重要意义。

2) 与通航和供水调度的协调。长江干流及主要支流通常具有一定的通航和供水功能，通航和供水需要水库下泄流量保持稳定，但如果水库流量长期稳定下泄，则会导致一些需要借助急流完成生命史的物种受到影响，而适宜于平稳流量的物种数量上升，使河流生物多样性降低。通航和供水调度与生态调度均需要一个基本流量，协调的关系在于生态调度中模拟人造洪峰和枯水，这可能对航运和供水产生一定的影响，但通过提前与航运、供水方充分沟通，在有准备的情况下不会影响航运和供水安全。

(3) 梯级水库间的协调。生态调度需要上下游、干支流水库间紧密配合，进行联合调度，保证梯级水库间的天然河道和梯级水库群出口产生合适的环境流量。实施中，梯级系统中的控制性水库可以率先开始调度，其他非控制性水库配合，可有效地降低流域生态调度代价，实现流域尺度生态效益最大化。要实现梯级水库的协调调度，首先是梯级水库的责任分摊，按照盈利能力与生态调度责任相统一的原则，根据水库设计和实际运行情况，发电盈利能力越强的水库，承担的生态调度责任越多；其次是责任的转移和补偿，在梯级系统中，控制性水库和梯级末级水库对生态调度的作用相对重要，并且牺牲的兴利效益可能更大，其他水库的生态调度责任在一定程度上由控制性水库和末级水库代为承担，这就需要其他水库向控制性水库和末级水库实施补偿。

3. 调度约束机制

水库生态调度约束机制主要通过调度方案、调度命令、行政处罚等方式实施。

(1) 调度方案。为了规范水库生态调度行为，水行政主管部门委托技术单位编制生态调度方案，每年召集利益相关方进行会商，充分听取各方意见并取得认同，形成年度生态调度方案，作为水库调度的技术依据。

(2) 调度命令。水行政主管部门的指令可以调度令的形式直达水库（电站），高效准确地介入调度，纠正拒绝执行调度方案或调度执行不到位的行为，保障维护生态的效果。另外，也可在清晰判断当前水情的前提下，调度令的形式优化调度效果，提高生态调度的效益。防汛抗旱实践已证明，调度令是一项有效有力的管理措施，值得在生态调度管理中借鉴。

(3) 行政处罚。水行政主管部门有权对不按既定生态调度方案或拒不执行调度指令的水库（电站）管理方进行处罚，维护生态调度权威，确保调度方案和调度指令有效执行。

根据三峡水库调度实际情况，完善三峡水库生态调度约束机制，需要对《三峡水库调度和库区水资源与河道管理办法》进行修订，进一步明确生态调度的地位与作用，对生态调度方案作出明确规定，在协调防洪、发电、航运等调度基础上明确生态调度的调度命令安排，对生态调度相关的行政处罚予以明确。同时，及时总结《三峡（正常运行期）—葛洲坝水利枢纽梯级调度规程》执行情况，将规程执行中的生态调度好做法进一步上升为管理制度，将规程执行中发现的生态调度问题提出对策措施，进一步修订完善规程。

三、消落区管理制度

三峡水库库区岸线与消落区资源丰富，是促进库区经济社会可持续发展的重要战略资源。同时该区域也是库区生态环境敏感区域，是库区生态环境保护的重要区域。健全三峡库区岸线与消落区管理制度，加强库区岸线与消落区监管，对促进库区岸线与消落区有效保护和合理利用，维护水库库容安全、水质安全和生态安全具有重要意义。

（一）岸线与消落区管理政策制度基础

《中华人民共和国长江保护法》《中华人民共和国河道管理条例》《三峡水库调度和库区水资源与河道管理办法》《长江三峡工程建设移民条例》《重庆

市三峡水库消落区管理暂行办法》《湖北省人民政府办公厅关于加强三峡水库消落区管理的通知》等法律法规政策，对三峡库区岸线与消落区管理做出了一些规定，主要制度内容如下。

1. 岸线保护与利用规划制度

《中华人民共和国长江保护法》规定：国家对长江流域河湖岸线实施特殊管制。国家长江流域协调机制统筹协调国务院自然资源、水行政、生态环境、住房和城乡建设、农业农村、交通运输、林业和草原等部门和长江流域省级人民政府划定河湖岸线保护范围，制定河湖岸线保护规划，严格控制岸线开发建设，促进岸线合理高效利用。

《三峡水库调度和库区水资源与河道管理办法》规定：长江水利委员会应当会同重庆市、湖北省人民政府水行政主管部门，编制三峡水库岸线利用管理规划，分别征求重庆市、湖北省人民政府意见后报水利部批准。三峡水库岸线利用管理规划，应当服从流域综合规划和防洪规划，并与河道整治规划和航道整治规划相协调。

《水利部关于加强河湖水域岸线空间管控的指导意见》明确：加快河湖岸线保护与利用规划编制审批工作，省级水行政主管部门组织提出需编制岸线规划的河湖名录，明确编制主体，并征求有关流域管理机构意见。要将岸线保护与利用规划融入“多规合一”国土空间规划体系。

2. 岸线利用管理制度

《中华人民共和国长江保护法》规定：禁止在长江干支流岸线一公里范围内新建、扩建化工园区和化工项目。禁止在长江干流岸线三公里范围内和重要支流岸线一公里范围内新建、改建、扩建尾矿库；但是以提升安全、生态环境保护水平为目的的改建除外。

《三峡水库调度和库区水资源与河道管理办法》规定：三峡库区河道岸线的利用和建设，应当服从河道整治规划、航道整治规划和三峡水库岸线利用管理规划。

《水利部关于加强河湖水域岸线空间管控的指导意见》明确：严格岸线分区分类管控。按照保护优先的原则，合理划分岸线保护区、保留区、控制利用区和开发利用区，严格管控开发利用强度和方式。严格管控各类水域岸线利用行为。河湖管理范围内的岸线整治修复、生态廊道建设、滩地生态治理、公共体育设施、渔业养殖设施、航运设施、航道整治工程、造（修、拆）船项目、文体活动等，依法按照洪水影响评价类审批或河道管理范围内特定活动审批事项办理许可手续。严禁以风雨廊桥等名义在河湖管理范围内开发建设房屋。城市建设和发展不得占用河道滩地。光伏电站、风力发电等项目不得在河道、湖泊、水库内建设。在湖泊周边、水库库汊建设光伏、风电项目的，要科学论证，严格管控，不得布设在具有防洪、供水功能和水生态、水环境保护需求的区域，不得妨碍行洪通畅，不得危害水库大坝和堤防等水利工程设施安全，不得影响河势稳定和航运安全。

3. 消落区保护制度

《中华人民共和国长江保护法》规定：国务院有关部门会同长江流域有关省级人民政府加强对三峡库区、丹江口库区等重点库区消落区的生态环境保护和修复，因地制宜实施退耕还林还草还湿，禁止使用化肥、农药，科学调控水库水位，加强库区水土保持和地质灾害防治工作，保障消落区良好生态功能。

《加强三峡工程运行安全管理工作的指导意见》明确：坚持以保留保护和生态修复为主、工程治理措施为辅，加强消落区生态环境保护和修复。严禁向消落区排放污水、废物和其他可能造成消落区生态环境破坏、水土流失、水体污染的行为。从严控制消落区土地耕种，严禁种植高秆作物和施用化肥、农药。加强消落区清漂保洁，保持消落区良好生态功能。

《重庆市三峡水库消落区管理暂行办法》规定：采取工程性治理和生物性治理相结合的措施加强消落区生态环境保护与建设。同时建立了消落区分区保护制度，包括保护区、生态修复区。建立健全消落区卫生防疫制度。建立消落区清漂保洁长效机制。

《湖北省人民政府办公厅关于加强三峡水库消落区管理的通知》明确要求：编制消落区综合治理实施方案；消落区分为保留保护区域、生态修复区域、重点整治区域。

4. 消落区利用管理制度

《三峡水库调度和库区水资源与河道管理办法》规定：三峡水库消落区的利用，应当服从三峡水库的防洪安全和工程安全，满足库区水土保持、水质保护和生态与环境保护的需要。

《国务院办公厅关于加强三峡工程建设期三峡水库管理的通知》明确：三峡水库消落区的土地属于国家所有，由三峡水利枢纽管理单位负责管理。三峡办要会同有关部门组织制订建设期三峡水库消落区土地使用管理办法。湖北省、重庆市人民政府要制订消落区土地使用的实施细则，并报三峡建委备案。在不影响水库安全、防洪、发电和生态环境保护的前提下，消落区的土地可以通过当地县级人民政府优先安排给就近后靠的农村移民使用。因蓄水给使用该土地的移民造成损失的，国家和三峡水利枢纽管理单位不予补偿。从严控制消落区土地耕种，严禁种植高秆作物和施用化肥、农药。

《重庆市三峡水库消落区管理暂行办法》规定：使用消落区坚持依据规划、控制使用、严格审批、占补平衡的原则。并对消落区使用分类管理制度进行了规定。

《湖北省人民政府办公厅关于加强三峡水库消落区管理的通知》明确要求：加强消落区土地耕种管理；强化水库库容管理；控制消落区开发利用。

（二）岸线与消落区管理制度建设

落实三峡水库岸线与消落区管理制度，维护库区安全，需要各级政府及相关部门切实加强领导，落实责任，严格审批管理，强化监督检查，并充分利用信息化技术，大力提升监管能力和水平。

1. 压实地方责任

三峡库区管理实行水利部等国务院有关部门监督指导，湖北省、重庆市具体负责的管理体制，库区岸线与消落区管理的具体责任主要在地方。加强库区岸线与消落区监管，地方各级政府应建立健全相关工作机制，与地方各级河湖长制相协调，加强组织领导，明确管理职责，强化责任落实，确保各项制度落实到位，切实维护库区安全。

（1）健全工作机制。地方各级人民政府应切实加强本地区三峡库区岸线与消落区的统一管理，建立由水利、发展改革、国土资源、交通运输（港口）、建设、规划、农业、渔业、林业、环境保护、旅游等行政主管部门参加的岸线与消落区管理联席会议制度，负责协调解决有关岸线和消落区保护与开发利用的重大问题。

各级水行政等相关主管部门应按照职责分工做好本地区库区岸线与消落区管理相关工作，强化规划约束，严格审批监管，加强日常管理，确保库区岸线与消落区管控取得实效。

各级河湖长办应切实履行组织、协调、分办、督办职责，及时向本级河湖长报告责任库区岸线与消落区管理等情况，提请河湖长研究解决重大问题，部署安排重点任务，协调有关责任部门共同推动库区岸线与消落区管理工作。

（2）明确管理职责。在地方层面，三峡库区岸线与消落区管理实行政府全面负责，水库管理部门综合管理，政府有关部门各司其职的管理体制。

省级三峡水库管理部门是三峡库区岸线与消落区的综合管理机构，负责岸线与消落区的综合管理与协调，研究制订相关政策和制度，监督区县做好岸线与消落区管理工作，会同省级人民政府有关部门对岸线与消落区保护与管理进行监督检查，按程序核准涉河建设项目占用水库库容情况。

库区区县人民政府负责本行政区域内岸线与消落区全面管理工作。

库区区县三峡水库管理部门负责本行政区域内岸线与消落区的综合管理工作，核准或上报岸线与消落区保护和利用项目。

地方各级政府有关部门按照职能分工，负责三峡库区岸线与消落区的管理工作。

(3) 强化责任落实。地方各级水行政等相关主管部门、各级河湖长办要切实加强三峡库区岸线与消落区管理的监督检查，建立定期通报和约谈制度，对重大水事违法案件实行挂牌督办，按照河湖长制有关规定，将库区岸线与消落区管理工作作为河湖长制考核评价的重要内容，考核结果作为各级河湖长和相关部门领导干部考核评价的重要依据，加强激励问责，对造成重大损害的，依法依规予以追责问责。

2. 严格审批管理

三峡水库岸线与消落区既具有行洪、调节水流和维护库区健康自然生态环境的功能属性，同时又具有可开发利用的资源属性。三峡水库岸线与消落区利用，对促进库区经济社会发展、保障库区河道行洪能力、维护库区生态系统良性循环及河流健康具有十分重要的作用。为科学有效控制岸线与消落区开发利用，实现岸线与消落区资源的合理利用和有效保护，保障三峡库区河道行洪通畅，复苏长江生态环境，各级政府相关部门应依据长江流域综合规划、防洪规划、河湖岸线保护规划、环境保护规划、库区地方经济社会发展规划等相关规划，严格按程序和权限加强三峡库区岸线保护与利用规划、消落区保护与利用规划、消落区利用、岸线利用等审批管理。

(1) 岸线保护与利用规划编制与审批。建立三峡水库岸线保护与利用规划约束机制，对加强三峡水库岸线管理、恢复岸线生态功能具有重要作用。《三峡水库调度和库区水资源与河道管理办法》明确了三峡水库岸线利用管理规划制度。《中华人民共和国长江保护法》规定："国家长江流域协调机制统筹协调国务院自然资源、水行政、生态环境、住房和城乡建设、农业农村、交通运输、林业和草原等部门和长江流域省级人民政府划定河湖岸线保护范围，制定河湖岸线保护规划。"

长江水利委员会应当会同重庆市、湖北省人民政府水行政主管部门，按照保护优先的原则，合理划分岸线保护区、保留区、控制利用区和开发利用区，科学编制三峡水库岸线保护与利用管理规划，并分别征求重庆市、湖北省人民政府意见后报水利部审批。

重庆市、湖北省县级以上人民政府有关部门按照职责分工，组织自然资源、水利、生态环境、住建、农业农村、交通运输、林业和草原等部门，编制本行政区域内三峡水库岸线保护与利用实施规划，报本级人民政府批准后公布实施，并报水利部备案。

根据三峡水库岸线资源的不同功能和用途，三峡水库岸线保护与利用管理规划和实施规划应当明确水库岸线陆域开发利用范围。

三峡水库岸线保护与利用管理规划和实施规划，应当服从长江流域综合规划、防洪规划和河湖岸线保护规划，并与河道整治规划和航道整治规划等相协调。

经批准的三峡水库岸线保护与利用管理规划不得擅自修改。确需修改的，应当按照程序报经原批准机关批准。

（2）消落区保护与利用规划编制与审批。三峡消落区作为一个特殊的生态系统，环境敏感、生态脆弱。建立三峡消落区保护与利用规划约束机制，对加强三峡消落区管理、保护消落区生态环境具有重要作用。

长江水利委员会应当会同重庆市、湖北省人民政府水行政主管部门，按照保护优先的原则，合理划分保留保护区、生态修复区、重点整治区等，科学编制三峡消落区保护与利用规划，并分别征求重庆市、湖北省人民政府意见后报水利部审批。

重庆市、湖北省县级以上人民政府有关部门按照职责分工，组织自然资源、水利、生态环境、农业农村、旅游等部门，编制本行政区域内三峡消落区保护与利用实施规划，报本级人民政府批准后公布实施，并报水利部备案。

针对三峡消落区不同的地质、地形、土质，不同的高程和消落时期，三峡消落区保护与利用规划和实施规划应当明确消落区利用范围。

三峡消落区保护与利用规划和实施规划，应当服从长江流域综合规划、防洪规划和生态环境保护规划，并与地方经济社会发展规划相协调。

经批准的三峡消落区保护与利用规划，不得擅自修改。确需修改的，应当按照程序报经原批准机关批准。

（3）消落区利用审批。为切实维护三峡库区安全，必须严格控制消落区开发利用。任何单位和个人未经批准，不得擅自占用消落区土地。对开发利用消落区的行为，区分不同情况，严格审批管理。

1）临时使用消落区的单位和个人，应经所在行政区县级以上人民政府三峡水库管理部门核准，并由项目单位或业主与县级三峡水库管理部门签订土地临时使用协议，并依法办理临时用地审批手续后方可使用。临时性生产经营活动不得建设永久性建筑物，不得占用库容，不得影响水库防洪、航运和生态环境。

2）长期使用消落区的基础性、公益性等建设项目不占库容的，应报所在行政区县级以上人民政府三峡水库管理部门初步核查，经省级三峡水库管理部门核准，由项目单位或业主与省级三峡水库管理部门签订土地使用协议，并依法办理长期用地审批手续后方可使用。

3）长期使用消落区的基础性、公益性等建设项目占用库容的，除按照上述程序审批使用外，还应编制涉河建设方案，开展防洪影响评价，并向长江水利委员会申请取得水工程建设规划同意书或工程建设方案审查同意手续。经审批同意后，再按照基本建设程序办理建设手续。

4）在消落区从事采砂活动的，应当按照长江河道采砂管理的有关规定，向重庆市、湖北省人民政府水行政主管部门或者长江水利委员会申请领取河道采砂许可证，缴纳长江河道砂石资源费。

5）在消落区从事采伐林木的单位和个人，需向所在行政区县级林业主管部门申请采伐许可证，成材林木确需采伐的报县林业主管部门批准后方可采伐，幼林禁止采伐。

（4）岸线利用审批。

1）涉河建设项目审批程序与权限。在三峡水库管理范围内建设桥梁、码头、道路、渡口、管道、缆线、取水、排水等工程设施，应当符合国家规定的防洪标准、三峡水库岸线保护与利用管理规划、航运要求和其他有关的技术要求，其工程建设方案应当按照河道管理范围内建设项目管理的有关规定，报送有关县级以上地方人民政府水行政主管部门或者长江水利委员会审查。水行政主管部门或长江水利委员会组织审查建设项目岸线使用情况，符合水库岸线保护与利用管理规划的，方可签署项目建设同意书。再由地方县级以上人民政府有关部门按各自职责办理建设项目审批、核准或者备案手续，并向三峡水库管理部门报送相关材料。

2）岸线使用权及其转让。建设项目使用三峡水库岸线的，在办理建设项目审批、核准或者备案手续后，按照有关法律、法规的规定，可以招标、拍卖、挂牌以及协议出让等有偿方式取得水库岸线使用权。

对技术含量高，有利于水库水质安全、工程安全、防洪安全的重大建设项目，可根据项目具体情况，优先保障其使用水库岸线资源。

三峡水库岸线使用权人转让使用权的，应当报经原批准机关批准。水库岸线资源使用期满后，由原批准机关依法收回岸线资源使用权；需要继续使用的，按照规定程序重新批准。

3）严格依法依规审批涉河建设项目。县级以上地方人民政府水行政主管部门或长江水利委员会，应严格按照法律法规以及岸线功能分区管控要求等，对跨河、穿河、穿堤、临河的桥梁、码头、道路、渡口、管道、缆线、取水、排水等涉河建设项目，遵循确有必要、无法避让、确保安全的原则，严把受理、审查、许可关，不得超审查权限，不得随意扩大项目类别，严禁未批先建、越权审批、批建不符。

3. 强化监督检查

开展岸线与消落区利用监督检查是确保三峡水库库容安全、水质安全、生态安全的重要手段。国务院相关部门、长江水利委员会、重庆市和湖北省县级以上有关部门等应按照职责分工，加强监督检查，加大执法力度，依法依规及时查处违法违规问题，维护库区安全。

（1）加强定期检查。国务院水利、环境保护等相关部门、长江水利委员会、重庆市人民政府、湖北省人民政府按照职责分工，定期组织开展三峡库区岸线与消落区利用监督检查。重庆、湖北两省（直辖市）县级以上人民政府有关部门按照职责分工，加强对本行政区域内岸线与消落区利用的监督检查，发现违法行为依法予以处理。监督检查时，有关单位和个人应当协助、配合，按照要求提供有关材料，不得拒绝、阻碍监督检查人员依法执行职务。同时，重庆、湖北两省（直辖市）县级以上人民政府有关部门应定期开展内部自查自评，及时发现问题，及时整改。

（2）强化日常监管。加大日常巡查监管和水行政执法力度，强化舆论宣传引导，畅通公众举报渠道，探索建立有奖举报制度，及时发现并依法严肃查处侵占库区岸线、影响河势稳定、危害河岸堤防安全和其他妨碍河道行洪的违法违规问题，严肃查处未批先建、越权审批、批建不符的涉河建设项目。坚持日常监管与集中整治相结合，充分发挥河长制平台作用，推进库区河道“清四乱”常态化、规范化。加强行政与公安检察机关互动，完善跨区域行政执法联动机制，完善行政执法与刑事司法衔接、与检察公益诉讼协作机制，提升水行政执法质量和效能。

4. 加强信息技术支撑

（1）构建库区河道监管平台，加强库区岸线与消落区监管。以库区河湖长制管理信息系统为基础，整合集成河道管理、涉河建设项目、河道采砂等相关数据以及卫星遥感、视频监控、互联网舆情等信息，构建库区河道管理数字化场景，扩展河道管理保护突出问题遥感智能识别、视频智能分析等模型，升级完善巡查、详查、核查、复查功能，构建支撑查、认、改、罚全生命周期的河道监管平台，为加强库区岸线与消落区监管等提供技术支撑。

（2）加快推进数字孪生三峡库区建设，加强库区岸线与消落区动态监管。依托数字孪生长江流域建设，积极推进数字孪生三峡库区建设，充分利用大数据、卫星遥感、航空遥感、视频监控等技术手段，推进三峡库区管理疑似问题智能识别、预警预判，对非法侵占、利用库区岸线与消落区问题早发现、早制止、早处置，提高库区监管的信息化、智能化水平。利用“全国水利一张图”及河湖遥感本底数据库，及时将三峡库区管理范围划定成果、库区岸线规划分区成果、消落区分区成果、涉河建设项目审批等信息上图入库，实现库区动态监管。建立库区管理动态监控信息公开制度，对违法违规项目信息及整改情况依法予以公布。建立库区管理信息报送制度，重大问题及时报水利部。

四、三峡库区生态保护补偿制度

三峡库区是长江上游“绿色屏障”的重要组成部分，对长江中下游乃至整个长江流域的生态安全具有重要意义。2008年颁布的《全国生态功能区划》和2010年颁布的《全国主体功能区规划》中，三峡库区部分区域被划定为全国重要生态功能区以及限制开发区域（农产品主产区、重点生态功能区）、禁止开发区域（长江上游珍稀特有鱼类国家级自然保护区、长江三峡风景名胜区、长江三峡国家地质公园）。

中办、国办印发的《关于深化生态保护补偿制度改革的意见》要求，应当建立健全三峡库区生态保护补偿制度，构建生态保护的多元化激励机制。按照“谁受益谁补偿”的原则，探索上、中、下游开发地区、受益地区与生态保护地区横向生态补偿机制，库区下游生态受益地区应采取资金补助、定向援助、对口支援等多种形式，对重点生态功能区由于加强生态环境保护造成的利益损失进行补偿，形成可持续的跨区域生态补偿机制；积极探索建立生态产品交易的市场化机制，推进水权、碳排放权、排污权交易，推行环境污染第三方治理。同时，还要完善库区环境污染联防联控机制和预警应急体系，鼓励和支持重庆、湖北、四川等省（直辖市）共同设立水环境保护治理基金，加大对环境突出问题的联合治理力度。

流域生态补偿在国外的实践由来已久，而我国在流域生态补偿方面的工作则处于高速发展阶段。近年来，很多地区积极推行了以流域为单元的生态补偿试点，为长江流域开展生态补偿提供了有益的经验借鉴。同时，长江经济带各省（直辖市）积极推进中央地方纵向和省际省内流域横向生态保护补偿机制建设，深入贯彻“共抓大保护、不搞大开发”有关要求，推动长江经济带生态环境保护修复工作取得积极成效，也为三峡库区组织开展生态保护补偿制度建设、促进库区生态环境保护修复奠定了基础。

建立三峡库区生态保护补偿制度的总体思路是：坚持生态优先、绿色发展，高度重视三峡库区生态环境保护修复，共抓大保护、不搞大开发，创新思路，以持续改善三峡库区生态环境质量为核心，扎实推进水污染治理、水生态修复、水资源保护。坚持权责清晰、协同推进，以地方为主，中央支持引导，上游承担保护生态环境的责任，同时享有水质改善、水量保障带来利益的权利，流域下游对上游提供良好生态产品付出努力做出补偿，同时享有水质恶化、上游过度用水的受偿权利。

（一）纵向补偿与横向补偿相结合

纵向补偿与横向补偿相结合，坚持政府主导的多种形式生态保护补偿。

纵向补偿由中央向三峡库区省（直辖市）予以补偿。补偿主体是中央，客体是重庆市和湖北省，补偿范围为重庆市和湖北省三峡库区县（市、区）。中央财政每年从水污染防治等资金中安排一部分资金作为引导和奖励资金，支持重庆市和湖北省进一步健全完善流域横向生态保护补偿，加大生态系统保护修复和环境治理力度。可参照《支持长江全流域建立横向生态保护补偿机制的实施方案》（财资环〔2021〕25号）的原则性要求，中央财政资金可采取定额奖补的方式，采用因素法进行分配。

横向补偿以地方为主推进实施，主要有省际和省内两种形式。省际横向补偿，上下游省份要积极与邻近省份沟通协调，尽快就各方权责、考核目标、补偿措施、保障机制等达成一致意见，并签署补偿协议。三峡库区省际间横向补偿，有重庆市与库区上游省份、重庆市与下游湖北省、湖北省与库区下游省份之间的横向补偿，不同形式的省际间生态保护补偿的主客体存在较大差异，但核心仍围绕三峡库区。三峡库区省内横线补偿是指重庆市或湖北省在长江支流上开展的上下游横向补偿。补偿主客体分别是长江支流上下游地方人民政府，补偿范围通常为上下游行政区。

生态保护补偿的方式有多种，根据现有实践，补偿方式主要包括国家财政转移支付、专项补偿、低息贷款、设立流域基金、签订协议（用水、治水）等方式，这些方式见表5-3都可以在三峡库区生态保护补偿中运用。

表5-3　　三峡库区生态保护补偿可采取的方式

方　式	内　容
国家财政转移支付	政府把以税收形式筹集上来的一部分财政资金转移到社会福利和财政补贴等费用的支付上，以便缩小区域经济发展差距
专项补偿	政府基于某项具体目标的考虑而针对某一项事项设立的专项补偿资金，如林业改革发展资金、林业生态保护恢复资金、节能减排补助资金等
低息贷款	低于一般银行贷款利率的贷款
设立流域基金	中央或流域相关地方政府共同出资发起设立的基金，也可以吸纳大型央企或国企的社会资本进入基金
签订协议（用水、治水等）	生态保护补偿相关方在自愿平等基础上达成的一致性意见，以合作协议的形式固定下来

（二）组织开展试点示范

为推进三峡库区流域上下游横向生态保护补偿，选取特定长江支流开展省内流域横向生态保护补偿试点，为下一步全面建立三峡库区多种形式的生态保护补偿提供实践经验。

一是确定生态保护补偿试点县。在重庆市和湖北省选择2～4个流域开展流域上下游生态保护补偿。具体试点县应优先选择重点生态功能服务区和水资源水生态水环境工作基础较好的地区。二是编制生态保护补偿实施方案。省级水行政主管部门组织各试点县结合本地实际编制实施方案，系统梳理和总结现阶段生态保护补偿资金的使用情况和问题，按照因地制宜、有所侧重的原则，确定本地试点任务重点，研究提出创新生态保护补偿方式的主要思路和政策措施，明确开展生态保护补偿试点的主要目标和重点工作。三是做好试点工作的组织。各试点县人民政府是试点工作的实施主体，要明确部门工作职责，做好试点政策宣讲和工作督导，确保试点工作稳妥有序推进。要建立试点工作领导小组，做好试点的组织协调，研究解决突出问题。要及时总结生态综合补偿试点经验，每年向省级水行政主管部门报送有关情况。要做好试点工作风险防控，制订风险预估预判方案，建立健全风险防控机制。四是多渠道筹集资金加大对试点工作的支持。生态保护与建设中央预算内投资要将试点县作为安排重点，与相关领域生态补偿资金配合使用，共同支持试点县提升生态保护能力和水平。要进一步加大对试点县的支持力度，尽快增强区域发展的内生动力。加强与国家开发银行、中国农业发展银行、亚洲开发银行、世界银行等国内、国际金融机构的沟通与对接，推广产业链金融模式，加大对特色产业发展的信贷支持。

五、安全管理制度

习近平总书记强调，安全是发展的前提，发展是安全的保障。安全是三峡水库运行管理的关键和核心。2021年4月16—18日，水利部党组书记、部长李国英在三峡工程和三峡库区调研时强调，要深入学习贯彻习近平总书记关于推进长江经济带发展和三峡工程的重要讲话精神，统筹发展和安全，扎实做好三峡工程运行管理这篇大文章，确保三峡工程长期安全运行、发挥更大效益。李国英强调，三峡工程是国之重器，全面建成三峡工程只是万里长征走完了第一步，管理运行好三峡工程是更为长远、艰巨的任务。要强化“大安全”意识和底线思维，超前分析研判并有效防范化解各类风险隐患，确保工程安全、信息系统安全、库容安全、库区地质安全、水质安全、防洪安全、供水安全、航运安全、河道安全、生态安全。

（一）安全管理的政策制度基础

水利工程安全管理一直是水利行业高度重视的重点工作。《中华人民共和国水法》《中华人民共和国防洪法》《水库大坝安全管理条例》等法律法规对水利工程特别是水库安全管理做出了周密的安排，设立了水库安全管理责任制、注册登记制度、安全鉴定制度、降等报废制度、风险管理制度等，为三峡水库安全管理奠定了法制基础。2021 年 3 月施行的《中华人民共和国长江保护法》也提出水库安全管理相关规定，包括国家建立长江流域危险货物运输船舶污染责任保险与财务担保相结合机制，禁止在长江流域水上运输剧毒化学品和国家规定禁止通过内河运输的其他危险化学品，禁止在长江流域河湖管理范围内倾倒、填埋、堆放、弃置、处理固体废物，长江流域县级以上地方人民政府应当加强对固体废物非法转移和倾倒的联防联控等，这些规定也为三峡水库安全管理提供了法律依据。

为加强长江三峡水利枢纽安全保卫工作，维护长江三峡水利枢纽的安全和秩序，国务院印发实施《长江三峡水利枢纽安全保卫条例》（2013 年国务院令第 640 号，以下简称《保卫条例》）。《保卫条例》明确了各方肩负的枢纽安全保卫责任，明确国家统一领导三峡枢纽安全保卫工作，国务院公安、交通运输、水行政等部门和三峡枢纽运行管理单位依照法律、行政法规和国务院确定的职责分工负责三峡枢纽安全保卫有关工作，湖北省人民政府、宜昌市人民政府对三峡枢纽安全保卫工作实行属地管理。《保卫条例》划分了三峡枢纽陆域安全保卫区、水域安全保卫区和空域安全保卫区，分别提出了区域管控要求（表 5－4）。

表 5－4　　三峡枢纽安全保卫区的范围及管控要求

序号	安全保卫区	次级区域	管控要求
1	陆域安全保卫区（湖北省人民政府确定并公布）	限制区	限制区是限制无关车辆接近三峡枢纽的区域。车辆凭限制区通行证方可进入限制区 人员可以徒步进出限制区。但是，根据三峡枢纽安全保卫工作的需要，三峡枢纽运行管理单位可以临时限制人员通行
		控制区	控制区是限制无关车辆和人员接近三峡枢纽，并在紧急情况时提供有效缓冲和防护的区域。车辆和人员凭控制区通行证并按规定接受安全检查方可进入控制区
		核心区	核心区是实行封闭式管理的区域。核心区实施下列安全保卫措施： （1）出入口和重点部位由人民武装警察部队设置岗哨，车辆、人员凭核心区通行证、接受安全检查并确认资格身份方可通行； （2）物资凭有效的物资转场、外运、内运申请单通行，必要时在出入口对所有通行物资进行危险物品检测； （3）配备覆盖全区的视频监控等技术防范设施，实施全天候安全巡查

续表

序号	安全保卫区	次级区域	管控要求
2	水域安全保卫区（湖北省人民政府确定并公布）	管制区	管制区是对拟通过三峡枢纽通航建筑物（以下称过闸）的船舶进行安全检查、防止未经批准通过的船舶接近三峡枢纽的缓冲水域。进入管制区的船舶，应当遵守下列规定： （1）过闸船舶应当按照国务院交通运输部门规定的程序和要求，提前向三峡通航管理机构报告； （2）不得运输国务院交通运输部门规定禁止过闸的危险物品；运输其他危险物品过闸的，应当向三峡通航管理机构申报，不得伪报、瞒报； （3）不得进行容易引发火灾、爆炸事故的检修作业； （4）不得在集泊期间上下除本船船员以外的其他人员或者装卸物品； （5）不得抢航、追越或者有其他扰乱水上交通秩序的行为
		通航区	通航区是由三峡通航管理机构统一指挥调度过闸船舶进出引航道和通航建筑物的特定区域
		禁航区	禁航区是禁止船舶和人员进入的水域。除公务执法船舶以及持有三峡枢纽运行管理单位签发的作业任务书和三峡通航管理机构签发的施工作业许可证的船舶外，任何船舶和人员不得进入禁航区 禁航区应当设置人民武装警察部队岗哨
3	空域安全保卫区	陆域安全保卫区上空的低空空域	在空域安全保卫区飞行的航空器，应当严格按照飞行管制部门批准的计划飞行 禁止在空域安全保卫区进行风筝、孔明灯、热气球、飞艇、动力伞、滑翔伞、三角翼、无人机、轻型直升机、航模等升放或者飞行活动
		水域安全保卫区上空的低空空域	

2021年8月，水利部印发《加强三峡工程运行安全管理工作的指导意见》，为各地各级管理部门规范地做好三峡工程运行安全管理相关工作提供了政策依据。《加强三峡工程运行安全管理工作的指导意见》明确三峡工程运行安全管理的指导思想是：坚持统筹发展和安全，心怀“国之大者”，立足“大时空、大系统、大担当、大安全”，着力强化三峡工程运行安全监督管理，推进生态环境保护，促进三峡移民稳定发展，全力保障三峡工程长期运行安全和持续发挥综合效益，支持长江经济带高质量发展。总体目标是：①着眼大时空，巩固三峡工程在全流域的核心调节地位；②统筹大系统，增强以三峡工程为核心的水工程联合调度作用；③彰显大担当，维护三峡工程的关键保障功能；④确保大安全，综合保障三峡工程长期稳定运行。主要任务措施包

括：①建立健全三峡工程运行安全长效机制，要健全完善三峡工程运行管理政策法规，完善以三峡工程为核心的长江路流域水工程联合调度机制，加强三峡工程运行安全综合监测，落实三峡水库管理和保护范围划界确权，加强相关重大问题研究；②全面落实三峡工程运行安全管理措施，要加强三峡枢纽工程运行安全管理，加强三峡库区安全管理，加强三峡水库消落区保护与管理，加强三峡工程运行调度管理，加强信息系统安全和数字孪生三峡建设；③推进三峡库区高质量发展，要进一步加强三峡移民帮扶工作，深入做好三峡移民信访稳定工作，积极推进三峡库区生态环境修复与保护。

（二）枢纽工程运行安全

根据前述安全管理政策制度基础梳理可知，当前三峡水利枢纽工程运行安全的主要法律依据是《保卫条例》，结合《水库大坝安全管理条例》《三峡水库调度和库区水资源与河道管理办法》《三峡（正常运行期）—葛洲坝水利枢纽梯级调度规程》等法律法规规定，枢纽运行安全有关工作情况处于较好状态，这在课题组实地调研中得到了证实。当然，从三峡工程面临的新形势新要求来看，三峡枢纽运行安全还存在着协调机制有待进一步完善、枢纽整体安全性需进一步提高、风险防控需求与能力尚不完全匹配等问题，主要对策包括进一步落实各方责任、强化中央与地方以及各部门协同发力、强化重点环节风险源识别与管控、完善应急预案等。

当前，三峡枢纽运行安全面临的最急迫问题是如何处理好日益增长的危化品等危险货物过闸风险，对此问题进行简要阐释。

1. 危险货物过闸及其管理总体情况

三峡船闸自2003年6月运行以来，通过货运量大幅增加，截至2020年年底，累计运行16.82万闸次、通过船舶89.44万艘次，货物15.38亿t，旅客1222.53万人次。2011年过闸货运量首次突破亿吨，已经连续11年单向通过量超过设计通过能力。2012—2016年，过坝船舶平均待闸超过40h，2017年平均待闸时间达到106h，2018年平均待闸时间151.2h。

2015—2020年载运过闸危险货物[1]船舶过闸总艘次为34451艘次，年平均过闸船舶艘次为5742艘次左右，上、下行艘次总体较均衡。2015—2020年三峡过闸危险货物总运量为5306万t，年均运量为884.3万t，运量以上行为

[1] 依据原《水陆危险货物运输规则》，根据危险货物危险程度高度，三峡过闸危险货物分为一级危险货物和二级危险货物，在原国标品名编号中，后3位数字小于500的为一级危险品，大于500的为二级危险品。根据GB 6944《危险货物分类和品名编号》和GB 12268《危险货物品名表》等有关国家标准，将危险货物划分为以下9类：爆炸品，气体，易燃液体，易燃固体、易于自燃的物质和遇水放出易燃气体的物质，氧化性物质和有机过氧化物，毒性物质和感染性物质，放射性物质，腐蚀物质，杂项危险物质和物品、包括危害环境物质。

主，约占总运量82.3%，且每年上行运量占比呈增长趋势，年均增长率为7.9%。上、下运量之比由2015年的7.4∶2.6提高到2020年的8.6∶1.4，过闸危险货物呈现出单边装载运输特点。从危险等级来看，2015—2020年三峡过闸一级危险货物过闸船舶总艘次与总运量分别约占危险过闸船舶总艘次和总运量的31.3%和35.6%，二级货物过闸船舶总艘次和总运量分别约占68.7%和64.4%。从危险货物种类来看，2015—2020年三峡过闸危险货物种数为113种，主要以易燃易爆危险货物为主，易燃易爆危险货物过闸船舶总艘次与总运量约占过闸危险货物的80%。从货物形态来看，2015—2020年三峡过闸散装危险货物全为液态，过闸包装危险货物有固体也有液体，其中液体包装危险货物占46.4%，固体包装危险货物占53.6%。

目前，三峡—葛洲坝枢纽区域承担载运危险货物过闸管理的单位主要有三峡集团流域枢纽运行管理中心、长江航运公安局宜昌分局、宜昌市公安局、三峡通航管理局、三峡坝区消防特勤大队、宜昌海事局等6家单位。其中：

长江航运公安局宜昌分局主要负责危险货物船舶过闸期间的现场治安管理及闸室船舶消防监督管理工作，负责闸室内火灾应急处置指挥工作，负责过闸钱的消防监督检查。

三峡坝区消防特勤大队主要负责消防车现场动态消防监护，发生火灾先期处置，火险船舶抢险等。

三峡集团流域枢纽运行管理中心主要负责落实消防安全重点单位职责，配备消防设施和消防器材，建立消防安全制度和操作规程。负责对闸区实行封闭管理，负责组织、指挥消防灭火救援等突发事件先期处置。

三峡通航管理局，下设通航指挥中心，负责危险货物船舶过闸作业计划安排，计划信息通报，船舶调度，远程安全监视，提前将过闸计划通报公安和应急部门；经济情况下船舶交通组织。三峡船闸管理处负责现场力量的沟通和协调，现有消防系统的管理及日常维护，消防水源的保障，紧急情况下，按照相关规定、预案采取应急防控及救援措施。三峡海事局负责载运危险货物船舶过闸前安全检查，过三峡船闸航行秩序维护管理，处理船舶在闸室内的海事行政违法行为及发生水上交通事故及险情的调查处理，协助危险货物船舶在闸室内发生险情事故时的救援工作。三峡待闸锚地管理处负责危险货物船舶的分类分区指泊。

2. 应对危险货物过闸风险的主要措施

（1）人员方面：①待闸期间合理安排船员值班制度并严格执行，避免值班人员疲劳松懈；②船员进出船舶危险区域需要进行消除静电措施，同时需要保证所穿戴服装与佩戴物品材质具有防静电功能；③进行危险品船员专业培训，包括船舶油气挥发管理和应急处置、应急设备使用、火灾应急训练、个人防护设备使用等，获得培训合格证书方可从事危险品船舶相关工作。

（2）船舶方面：①船舶必须配备必要的安全设备，包括货舱液位监视系统、船舶惰气系统、静电放电装置、高液位警报装置、洒水降温系统等；②严格船舶安全防护措施，包括货舱、压载舱、空舱、箱型空间的检查，严格执行货物操作计划，做好油类记录等；③船舶必须配备专职安全管理人员，并建立相应的安全管理制度体系，加强对船舶的安全动态管理。

（3）货物方面：①船舶必须安装必要的气体检测预警装置；②严格安排货物监测值班制度，随时观察到货舱发生的变化，一旦发生危险状况，及时制止事态的扩大。

（4）环境监测方面：①水位急剧变化时，应确定可航水域宽度要求；②当处于恶劣天气时，船舶驾驶员应及时观察本船与他船动态；③应随时监测两坝间的气象水文等自然条件，告知过往船舶周围环境信息，提醒过往船舶采取防范措施。

（5）管理方面：①建立船舶-港口-监管信息系统，及时明确船舶所装载的货物与其状态；②建立船舶经营人、管理人诚信管理制度；③严格执行监督检查；④安检信息共享。

3. 加强危险货物过闸安全监管的对策建议

（1）落实各方责任。落实航运企业和船舶、船员安全生产主体责任，构建严密的安全管理体系，严格执行船舶动态和货物状态监管制度和到港检查制度，加强船员管理，落实船舶防火制度，加强设备设施维修保养。落实海事管理机柜安全监督责任，加强现场监督检查和船舶安全检查，对船舶的航行和过闸安全状态实施全程动态监控；密切关注气象、通航流量、水位等环境变化，维护枢纽河段良好交通秩序。落实枢纽运行管理单位责任，进一步优化闸室内船舶排挡和运行调度，避免同排船舶的生活区与邻船货仓重合，尽可能拉开前后排船舶距离；严格执行操作规程，强化操作指令符合，防止误操作；严格落实锚地分类分区指泊管理制度，维护好锚地秩序。

（2）强化危险品船舶准入把关和安全提醒。对新造、修理以及老旧的危险品船舶严把检验关，实行船舶检验质量终身负责制，防止不满足法规和检验规范要求的船舶取得证书。推动航运企业信息化安全管理手段全面省级，针对货仓液位、温度、压力、可燃气体含量等监控信息，建立船舶与岸基的传输取得，纳入船舶岸基安全监控范围。利用船闸广播系统、北斗船载终端等方式持续提醒船舶落实各项防火防爆措施，加强对可能引发火灾等事故的设施设备检查和维护。

（3）创新监管手段，加强信息化监管。在原有传统监管模式下，增加现代化监控技术手段，如在锚地和船闸增设易燃气体聚集和货物泄露监测设备，对载运危险货物船舶锚泊和过闸期间进行实时监测。运用信息技术手段实现危险品船舶上的火灾自动报警、物料状态监测、视频采集、固定灭火系统等报警、故障、状态数据统一实时监控，争取上传至云端，由云端共享至航运企业和船舶管理单位，实现过闸全过程、全天候的风险状态监控。

(4) 监管信息互联共享，不断提高应急处置能力。加强船舶过闸相关的管理系统与公安信息系统、海事局和应急指挥平台等互联共享，通过船舶、船员、货物、船舶动态等监管信息联动，促进过闸传播的监管流程更加顺畅、高效。承担载运危险货物船舶过闸管理任务的单位，完善应急联动机制，开展联合演练，进一步提高应急处置能力。

（三）库区安全管理

1. 加强库区安全隐患问题的清理整治

不断加强库区安全隐患问题清理整治，特别是关于各方高度关注的高切坡治理、漂浮物打捞和水质安全保护问题，要持续予以清理整治。

(1) 加快推进高切坡治理。库区移民迁建过程中开挖形成了大量高切坡，未及时治理或治理不当的高切坡不同程度发生破坏，影响了库区居民的正常生活，威胁着高切坡附近居民的生命财产安全和道路等基础设施的正常使用，甚至易引发地质灾害。国家高度重视三峡库区地质灾害防治工作，规划并实施高切坡防治项目持续至今。在当前和未来一个时期，三峡库区高切坡监测与整治工作仍需要保持较强力度，保证一定规模的经费投入，实施工程治理措施，同时配合地质灾害群测群防体系，尽可能降低高切坡带来的损失，维护移民生命财产安全。在这方面，需要健全高切坡治理资金投入机制，完善监管和后评价制度，提升高切坡治理水平。

(2) 强化库容保护与整治。库容保护难度大的症结在于库区发展与保护之间的矛盾。要压实库容保护与整治的属地管理责任，明确有关部门在库容保护方面的职责分工，特别是要明确 175m 蓄水位线与移民迁建线（大致为 182m 蓄水位线）之间区域的监管职责分工，确定牵头责任单位。从严审批建设项目，严格按照法律法规以及岸线功能分区管控要求等，对跨河、穿河、穿堤、临河的桥梁、码头、道路、渡口、管道、缆线、取水、排水等涉河建设项目，遵循确有必要、无法避让、确保安全的原则，严把受理、审查、许可关，不得超审查权限，不得随意扩大项目类别，严禁未批先建、越权审批、批建不符。

(3) 做好漂浮物打捞工作。三峡水库漂浮物来量大、历时长、种类繁多，已经成为影响工程运行安全的重大问题之一。目前，三峡集团公司委托地方政府实施干流清漂，但是经费无法满足地方清漂实际需求，漂浮物治理情况一直未得到根本改善，坝前漂浮物来量仍然巨大，且大量漂浮物未得到无害化处置。由于缺乏完善的垃圾收集、清运系统，大部分的漂浮垃圾被填埋和焚烧，一定程度上造成了“二次污染”。应适时成立三峡库区清漂监管机构，建立健全三峡库区清漂综合管理体制，明确各方职能职责。同时，重庆市、宜昌市两地政府以及三峡集团公司设立长江干流及支流水面漂浮物打捞、运输和处置专业机构，并建立稳定、长期的资金渠道，加大对江面漂浮垃圾治理的科技攻关投入，开展快速、便捷、自动化程度高的清漂设备、转运和处置设施的研发与建设，提高清漂治理的效果和效率。

(4) 强化水质安全保护。健全水质安全监测制度，完善库区水质监测网络，定期发布库区水质公告，及时全面掌握库区及各主要支流的水质状况，增强水污染事件预警能力。积极推进自动监测和远程监控体系构建，加强应对突发性水污染事故的应急监测能力建设。完善水污染物排放总量控制制度，明确省界水质控制、入河污染物总控制等保护目标和任务，并逐级分解，落实省界水质考核目标责任制，细化落实省、市、县界水质目标责任制。对磷矿、磷肥生产集中的长江干支流，制订严格的总磷排放管控要求，有效控制总磷排放总量。完善水污染治理制度，调整库区农业产业结构，加快库区内已实施的国家和省级生态保护区、生态示范区、特殊生态功能和湿地自然保护区的建设步伐，实施退耕还湿工程、湿地生态恢复工程和农业面源污染控制工程。

2. 建立健全安全风险防范“六项机制”

(1) 建立风险查找机制，全面排查安全风险。坚持关口前移、重心下沉，明确三峡水库安全风险点查找、辨识工作的范围和工作要求，全面分析可能发生安全隐患的领域、部位和关键环节，找准、找全风险点。组织制订完善三峡水库安全风险点查找指导手册，明确安全风险查找的具体依据和标准。组织全面深入彻底地排查各类安全风险，特别是重大安全风险，确保不留死角和盲区，切实查清风险点的分布情况，摸清各类风险点的底数，并建立完整台账。鼓励运用第三方专业力量参与安全风险排查，为安全风险管控工作提供技术支撑。各地、各有关部门和单位要按照“谁主管、谁负责”的原则，建立风险点信息采集、审核、报送机制，形成安全风险点清单，并录入风险点管理信息系统。

(2) 建立风险研判机制，科学应对安全风险。经常性组织开展安全风险研判常识培训，提高风险研判工作的科学性、准确性和有效性，更好地指导安全风险管控工作。综合考虑起因物、诱导性原因、致害物、伤害方式等，合理进行风险分类。对查找出的风险点进行科学评估，分析风险引发安全事故的概率和后果。在风险点信息采集、分类分级基础上，建立每一处风险点的分布、状态、现场管理和监管责任单位、责任人等风险管控数据清单。建立三峡水库统一的风险点管理信息系统，实现安全风险状况的实时分析和动态管理，绘制风险点空间分布、安全风险等级分布电子图。

（3）建立风险预警机制，增强风险防控的主动性。充分运用大数据、物联网等先进信息技术，加强安全管理，加强预测预警。对发现的风险点和安全隐患，做到早预警、早干预，及时督促整治，增强风险管控的主动性和预见性。科学实行预警分级，按照紧急程度、发展态势和可能造成的危害程度，将安全风险预警由高到低分为若干等级。建立健全各级政府及有关部门安全形势分析和风险信息通报机制，及时发布预警信息。根据风险发展变化，实时调整预警级别，明确解除预警的条件。

（4）建立风险防范机制，分级分类管控风险。对排查出的安全风险点，实施跟踪管控，综合运用各种防范手段，建立健全有序高效的防范流程。根据风险评估结果，按照分区域、分类别、分级别、网格化的原则，实施风险差异化管理。按照重大风险优先、循序渐进、动态管理原则，实行分级管控。针对不同类型的安全风险点，从组织、制度、技术、应急等方面，采取有针对性的防范措施，确保把风险消灭在萌芽状态。通过隔离危险源、采取技术手段、实施个体防护、设置监控设施等方法，达到回避、降低和监测风险的目标。

（5）构建风险处置机制，确保风险可防可控。针对不同风险点可能发生的后果，采取科学有效措施，实行风险差异化处置。突出加强对高等级风险点的监管力度和检查频率，认真分析风险产生的原因，提出风险防控措施，落实隐患整改，有效降低安全风险。制订安全事故初期处置的程序和基本步骤，强化一线人员在事故初期第一时间化解险情和自救互救的能力。坚持抢早抢小，加强事故初期处置，防止事故扩大和次生事故发生。针对不同类型风险点和可能发生的情况，制订科学周密的应急预案，并定期组织有针对性的应急演练、技能竞赛和人员避险自救培训，提升应急救援技战术水平和科学救援能力。按照预案和响应等级，统筹调度救援力量，准确应对险情，科学组织施救，并妥善处理善后工作，加强舆情引导，回应社会关切。加强应急保障能力建设，落实应急必备的物资、装备、器材；加强专业化应急队伍建设，经常性组织应急演练专业化培训，提高风险处置的保障能力。结合全省高危行业分布情况，采取政企共建、企业联合等模式，建设骨干应急救援队伍，提升基层专业救援队伍专业水平。

（6）构建风险责任机制，落实安全管控责任。严格落实属地管理责任，统筹推进本地风险管控工作，督促相关部门、单位和政府落实风险管控责任。各有关部门和单位要根据国家有关法律法规和技术标准，全面梳理本行业领域安全生产工作重点、薄弱环节，明确风险点排查整治工作的职责、程序等要求，牵头组织实施本行业领域的风险管控工作。各生产经营单位对本单位风险管控工作全面负责，其主要负责人或实际控制人是本单位风险管控工作的第一责任人。各地、各有关部门和单位要将安全风险管控工作作为监督检查和工作巡查的重要内容。要将高等级风险点列入安全监管工作的重点，持续开展有针对性的执法检查，严格落实挂牌督办制度，督促风险管控责任落实。同时，严格实行责任倒查和责任追究，促进安全风险管控主体责任和监管责任落实。

3. 强化安全信息监控预警

（1）完善水库运行管理安全综合监测系统。持续优化整合资源，进一步强化枢纽工程运行安全、水环境、水生态、水文水资源及泥沙、水土保持、库容、库岸稳定、地震、地质、长江中下游河道状况等的动态监测，推进综合监测系统与相关平台之间的信息互联、融合共享，不断提升三峡水库综合管理服务平台的能力和水平。坚持“预”字当先、关口前移，加强实时雨情水情信息的监测预报和分析研判，强化三峡水库运行安全预报、预警、预演、预案措施。严格规范数据采集和安全防护，强化数据安全管理。按照国务院《关键信息基础设施安全保护条例》等有关要求，落实相关各方责任，积极推进信息系统安全建设，建立健全网络安全保护制度，加强信息系统的日常管理和检修维护，确保信息系统安全可靠、高效运行。

（2）加快推进数字孪生三峡工程建设。以数字化、网络化、智能化为主线，以数字化场景、智慧化模拟、精准化决策为路径，围绕防洪安全及精准调度、三峡枢纽工程运行安全管理、三峡水库运行安全管理、三峡后续工作管理和综合决策支持五大板块，开展数字孪生三峡工程建设，进一步提升三峡工程入库洪水预报、调度方案预演模拟精度，实现以三峡工程为核心，联合中下游蓄滞洪区运用的洪水预报、防洪预警、工程调度等数字化场景下全过程模拟预演及预案决策支持；进一步增强水库库容安全、地质安全、水环境安全、水资源安全、水生态安全管理感知能力，显著提升三峡水库运行管理的智慧化模拟、精细化管理与科学化决策水平。

第六章 对策建议

一、加快制定出台《三峡水库管理条例》

鉴于三峡水库生态环境安全的极端重要性，组织开展《三峡水库管理条例》前期研究，充分论证加快制定出台《三峡水库管理条例》必要性和紧迫性，对《三峡水库管理条例》的立法定位、重要制度、法律责任条款等进行专题研究，推动出台三峡水库管理专门规章，对三峡水库涉及的规划协调、工程运行、水资源管理、水域岸线利用、库区绿色发展、责任分工、法律责任等方面做出详细规定，特别是建立和完善消落区利用、管理、保护、修复制度，规范消落区各类生产生活活动，为强化三峡水库管理和保护提供法律保障，也为我国其他大型水库的综合管理提供经验。

二、近期要充分发挥河湖长制统筹协调作用

针对三峡水库责权利关系复杂的特点，延续枢纽与库区相对独立、库区属地管理为主的总体格局，在《三峡水库管理条例》制定出台之前，近期仍要以河湖长制为抓手，进一步落实各地区和各部门职责分工，协调发挥工程防洪、发电、航运等综合效益。在此基础上，推动建立三峡水库运行管理部级联席会议制度，构建中央、地方、企业以及中央各部委之间关于三峡水库管理重大事项的统筹协调机制。

三、抓紧推行三峡水库标准化管理

按照水利部水利工程标准化管理工作部署，加快完善三峡水库标准化管

理各项规章制度，确保枢纽工程运行安全、水环境、水生态、水文水资源及泥沙、水土保持、库岸稳定、地震地质等管理事项有据可依，构建负有三峡特色的标准化管理体系，提高水库运行管理能力水平。

四、探索实施生态保护补偿试点

在国家建立的长江流域生态保护补偿制度框架下，借鉴相关经验，组织开展三峡库区生态保护补偿试点工作，就补偿主客体及覆盖范围、补偿资金与奖惩、市场参与、与生态产品市场交易机制有机结合等关键问题展开探索，加快形成可以持续的生态保护补偿路径与模式。在试点推进过程中，加强跟踪和指导，注重经验总结，及时提炼出可复制可推广的经验，向整个库区复制推广。

五、逐步加强三峡水库空间管控

按照国家部署的“一张蓝图绘到底”国土空间规划战略部署，依照《中华人民共和国水法》《中华人民共和国长江保护法》等相关要求，水利、自然资源、生态环境等多部门协同，在划定三峡水库管理保护范围边界的基础上，明确三峡水库水域岸线与城镇开发边界、生态保护红线、永久基本农田的界限，逐步加强三峡库区各类空间的管控。综合考虑消落区地理位置、地形地貌以及人类活动影响等因素，划分生态保护区、生态保留区、生态修复区和重点整治区，实施三峡水库空间分区管控。加大库区绿色产业政策与技术扶持，完善绿色发展绩效评价考核和责任追究制度，大力推动库区绿色发展。

六、加强监督检查指导

各级政府及其水行政主管部门要加强三峡水库运行管理保障制度建设的监督检查，建立定期通报和约谈制度，可将三峡水库运行管理保障制度建设纳入河湖长制考核评价的重要内容，加强考核激励引导。各级水行政主管部门及时提供政策咨询和指导，对取得显著成效的，及时总结经验做法予以推广；对存在较大困难的，提供必要的指导或帮扶，协助向政府或上级有关部门反映有关情况、争取必要的支持；对工作进展缓慢、落实不力的，及时进行通报，切实保障各项工作顺利开展。

附表 三峡水库管理制度体系梳理

附表1　　三峡水库管理制度体系

领域	有关制度规定	主要法律法规政策
水库管理体制机制	（一）长江保护协调机制 1. 国家建立长江流域协调机制，统一指导、统筹协调长江保护工作，审议长江保护重大政策、重大规划，协调跨地区跨部门重大事项，督促检查长江保护重要工作的落实情况 2. 国务院有关部门和长江流域省级人民政府负责落实国家长江流域协调机制的决策，按照职责分工负责长江保护相关工作 3. 长江流域相关地方根据需要在地方性法规和政府规章制订、规划编制、监督执法等方面建立协作机制，协调推进长江流域生态环境保护和修复	《中华人民共和国长江保护法》
	（二）河长制 1. 组织形式。全面建立省、市、县、乡四级河长体系。各省（自治区、直辖市）设立总河长，由党委或政府主要负责同志担任；各省（自治区、直辖市）行政区域内主要河湖设立河长，由省级负责同志担任；各河湖所在市、县、乡均分级分段设立河长，由同级负责同志担任。县级及以上河长设置相应的河长制办公室，具体组成由各地根据实际确定 2. 工作职责。各级河长负责组织领导相应河湖的管理和保护工作，包括水资源保护、水域岸线管理、水污染防治、水环境治理等，牵头组织对侵占河道、围垦湖泊、超标排污、非法采砂、破坏航道、电毒炸鱼等突出问题依法进行清理整治，协调解决重大问题；对跨行政区域的河湖明晰管理责任，协调上下游、左右岸，实行联防联控；对相关部门和下一级河长履职情况进行督导，对目标任务完成情况进行考核，强化激励问责。河长制办公室承担河长制组织实施具体工作，落实河长确定的事项。各有关部门和单位按照职责分工，协同推进各项工作	中共中央办公厅、国务院办公厅《关于全面推行河长制的意见》

续表

领域	有关制度规定	主要法律法规政策
水库管理体制机制	（三）三峡水库建设期管理体制 1. 在三峡工程建设期间，三峡水库管理实行“中央统一领导，国务院有关部门监督指导，湖北省、重庆市具体负责”的体制 2. 国务院三峡工程建设委员会对三峡水库建设期管理实施统一领导，重大问题报国务院批准。三峡办承担日常工作，主要是研究提出三峡水库管理的有关政策和制度，协调三峡工程建设期三峡水库运行的管理工作，组织协调三峡水库水、土（含消落区）、岸线等资源的可持续利用工作，开展对三峡水库资源开发利用和保护治理情况的综合监督检查，指导和组织协调与三峡水库相关的科研工作 3. 国务院有关部门按照职责分工，依法加强对三峡水库的行政管理，并进行监督和指导，必要时可以依据有关法律制定适用于三峡水库管理的规章制度 4. 湖北省、重庆市人民政府分别负责本行政区域有关三峡水库的管理工作，并落实综合管理部门进行三峡水库的日常具体管理 5. 三峡总公司按照三峡建委批准的调度规程，负责三峡水利枢纽和电站的具体调度工作，并配合湖北省、重庆市人民政府做好水库管理的有关工作	《国务院办公厅关于加强三峡工程建设期三峡水库管理的通知》
	（四）水利部“三定”职责 组织提出并协调落实三峡工程运行有关的政策措施，指导监督工程安全运行	水利部“三定”方案
	（五）三峡水库调度和库区水资源与河道管理职责划分 1. 水利部负责三峡水库水量的统一调度和库区水资源与河道管理的监督工作 2. 长江水利委员会按照法律、行政法规规定和水利部的授权，负责三峡水库水量的统一调度和库区水资源与河道管理工作 3. 重庆市、湖北省县级以上地方人民政府水行政主管部门按照规定的权限，负责本行政区域内三峡库区水资源和河道管理工作 4. 县级以上人民政府有关部门按照职责分工，依法负责三峡库区相关管理工作	《三峡水库调度和库区水资源与河道管理办法》
	（六）三峡库区及其上游水污染防治部际联席会议制度 1. 联席会议主要职能。在国务院领导下，研究三峡库区及其上游水污染防治工作的目标、重大措施和环境政策；组织完善、协调指导并督促实施《三峡库区及其上游水污染防治规划》；研究推动三峡库区及其上游水污染防治综合执法工作；通报三峡库区及其上游水环境质量和生态环境状况，通报各成员单位水污染防治工作情况；推动三峡库区及其上游水污染防治宣传教育工作 2. 联席会议成员单位。联席会议由环保总局、发展改革委、财政部、水利部、建设部、交通部、三峡办、湖北省人民政府、重庆市人民政府、四川省人民政府、贵州省人民政府、云南省人民政府、水利部长江水利委员会、中国长江三峡总公司共 14 个部门和单位组成。环保总局为联席会议牵头单位 3. 联席会议工作规则。联席会议不定期召开。会议由环保总局局长召集。联席会议以会议纪要形式明确会议议定事项，经与会单位同意后印发有关方面同时抄报国务院。联席会议纪要由联席会议召集人签发，必要时会签有关单位。对于难以协调一致的问题，由联席会议牵头单位报国务院决定	《国务院关于同意建立三峡库区及其上游水污染防治部际联席会议制度的批复》

续表

领域	有关制度规定	主要法律法规政策
水库管理体制机制	（七）重庆市三峡水库管理联席会议制度 1. 联席会议的组织机构。联席会议由市移民局（三峡水库管理局）局长主持，市发展改革委、市水利局、市环保局、市国土房管局、市建委、市经委、市交委、市农业局、市林业局、市规划局、市港航局、市卫生局、市旅游局、市公安局、市文化局、市广电局、市园林局、市市政委、市环卫局、重庆海事局分管领导为成员。联席会议下设办公室，办公室设在市移民局（三峡水库管理局），负责日常工作的办理，由分管处室负责人任办公室主任 2. 联席会议的活动形式和时间。联席会议原则上每年召开一次，也可根据工作需要临时召开，或根据议题召开专题会议，并临时确定参加会议的人员。根据工作需要可由联席会议办公室不定期召开联席会议联络员碰头会，交流情况、沟通信息、反馈有关事项办理结果	《重庆市人民政府办公厅关于建立重庆市三峡水库管理联席会议制度的通知》
水库安全	（一）水工程保护 1. 国家对水工程实施保护。国家所有的水工程应当按照国务院的规定划定工程管理和保护范围 2. 国务院水行政主管部门或者流域管理机构管理的水工程，由主管部门或者流域管理机构商有关省（自治区、直辖市）人民政府划定工程管理和保护范围	《中华人民共和国水法》
	（二）大坝安全管理 1. 各级水利、能源、建设、交通、农业等有关部门，是其所管辖的大坝的主管部门 2. 各级人民政府及其大坝主管部门对其所管辖的大坝的安全实行行政领导负责制 3. 大坝管理单位职责：应当加强大坝的安全保卫工作；应当建立、健全安全管理规章制度；必须按照有关技术标准，对大坝进行安全监测和检查 4. 大坝主管部门职责：应当建立大坝定期安全检查、鉴定制度；对其所管辖的大坝应当按期注册登记，建立技术档案	《水库大坝安全管理条例》
	5. 湖北省落实三峡水库大坝安全的行政领导责任，三峡集团公司落实三峡水利枢纽的工程管理责任	《加强三峡工程运行安全管理工作的指导意见》
	（三）水利工程标准化管理 水利工程管理单位要落实管理主体责任，执行水利工程运行管理制度和标准，充分利用信息平台和管理工具，规范管理行为，提高管理能力，从工程状况、安全管理、运行管护、管理保障和信息化建设等方面，实现水利工程全过程标准化管理 1. 工程状况。工程现状达到设计标准，无安全隐患；主要建筑物和配套设施运行性态正常，运行参数满足现行规范要求；金属结构与机电设备运行正常、安全可靠；监测监控设施设置合理、完好有效，满足掌握工程安全状况需要；工程外观完好，管理范围环境整洁，标识标牌规范醒目	《关于推进水利工程标准化管理的指导意见》

续表

领域	有关制度规定	主要法律法规政策
水库安全	2. 安全管理。工程按规定注册登记，信息完善准确、更新及时；按规定开展安全鉴定，及时落实处理措施；工程管理与保护范围划定并公告，重要边界界桩齐全明显，无违章建筑和危害工程安全活动；安全管理责任制落实，岗位职责分工明确；防汛组织体系健全，应急预案完善可行，防汛物料管理规范，工程安全度汛措施落实 3. 运行管护。工程巡视检查、监测监控、操作运用、维修养护和生物防治等管护工作制度齐全、行为规范、记录完整，关键制度、操作规程上墙明示；及时排查、治理工程隐患，实行台账闭环管理；调度运用规程和方案（计划）按程序报批并严格遵照实施 4. 管理保障。管理体制顺畅，工程产权明晰，管理主体责任落实；人员经费、维修养护经费落实到位，使用管理规范；岗位设置合理，人员职责明确且具备履职能力；规章制度满足管理需要并不断完善，内容完整、要求明确、执行严格；办公场所设施设备完善，档案资料管理有序；精神文明和水文化建设同步推进 5. 信息化建设。建立工程管理信息化平台，工程基础信息、监测监控信息、管理信息等数据完整、更新及时，与各级平台实现信息融合共享、互联互通；整合接入雨水情、安全监测监控等工程信息，实现在线监管和自动化控制，应用智能巡查设备，提升险情自动识别、评估、预警能力；网络安全与数据保护制度健全，防护措施完善	《关于推进水利工程标准化管理的指导意见》
	（四）三峡水利枢纽安全保卫 1. 国家设立长江三峡水利枢纽安全保卫区，对三峡枢纽实施保护 2. 三峡枢纽安全保卫区的范围包括三峡枢纽及其周边特定区域，分为陆域安全保卫区、水域安全保卫区、空域安全保卫区 3. 国家统一领导三峡枢纽安全保卫工作。国务院公安、交通运输、水行政等部门和三峡枢纽运行管理单位依照法律、行政法规和国务院确定的职责分工负责三峡枢纽安全保卫有关工作。湖北省人民政府、宜昌市人民政府对三峡枢纽安全保卫工作实行属地管理 4. 国务院确定的机构负责沟通协调和研究解决三峡枢纽安全保卫工作中的重大事项。湖北省人民政府负责组织建立由长江流域各省、直辖市人民政府以及国务院有关部门和单位参加的三峡枢纽安全保卫指挥系统，制订三峡枢纽安全保卫方案，并做好信息沟通和汇总研判工作。宜昌市人民政府负责组织建立由三峡枢纽运行管理单位、三峡通航管理机构、公安机关、人民武装警察部队等组成的三峡枢纽安全保卫指挥平台，统一管理三峡枢纽安全保卫工作。三峡枢纽运行管理单位应当加强与三峡安全保卫区内其他机构、单位的沟通协调，并依法提供必要的保障和业务指导	《长江三峡水利枢纽安全保卫条例》

续表

领域	有关制度规定	主要法律法规政策
水库安全	（五）河道管理 1. 在河道管理范围内，水域和土地的利用应当符合江河行洪、输水和航运的要求；滩地的利用，应当由河道主管机关会同土地管理等有关部门制订规划，报县级以上地方人民政府批准后实施 2. 在河道管理范围内，禁止修建围堤、阻水渠道、阻水道路；种植高秆农作物、芦苇、杞柳、荻柴和树木（堤防防护林除外）；设置拦河渔具；弃置矿渣、石渣、煤灰、泥土、垃圾等	《中华人民共和国河道管理条例》
	3. 在三峡水库管理范围内建设水工程的，应当按照水工程建设规划同意书管理的有关规定，向有关县级以上地方人民政府水行政主管部门或者长江水利委员会申请取得水工程建设规划同意书 4. 在三峡水库管理范围内建设桥梁、码头、道路、渡口、管道、缆线、取水、排水等工程设施，应当符合国家规定的防洪标准、三峡水库岸线利用管理规划、航运要求和其他有关的技术要求，其工程建设方案应当按照河道管理范围内建设项目管理的有关规定，报经有关县级以上地方人民政府水行政主管部门或者长江水利委员会审查同意 5. 在三峡水库管理范围内从事采砂活动的，应当按照长江河道采砂管理的有关规定，向重庆市、湖北省人民政府水行政主管部门或者长江水利委员会申请领取河道采砂许可证，缴纳长江河道砂石资源费 6. 凡涉及土石方开挖、填筑或者排弃，可能造成水土流失的生产建设项目，应当依法编制水土保持方案，报县级以上人民政府水行政主管部门审批	《三峡水库调度和库区水资源与河道管理办法》
	7. 健全法规制度体系。各地要根据本地区实际，健全涉河建设项目管理、水域和岸线保护、河湖采砂管理、水域占用补偿和岸线有偿使用等法规制度，制订和完善技术标准，确保河湖管理工作有法可依、有章可循。根据河湖生态环境修复成本，按照“谁破坏、谁赔偿”的原则，研究建立河湖资源损害赔偿和责任追究制度 8. 建立规划约束机制。要根据国家规划，结合本地河湖管理实际，科学编制相关规划，加强规划对河湖管理的指导和约束作用。要建立健全规划治导线管理制度	水利部《关于加强河湖管理工作的指导意见》
	（六）岸线利用管理 1. 国家对长江流域河湖岸线实施特殊管制。国家长江流域协调机制统筹协调国务院自然资源、水行政、生态环境、住房和城乡建设、农业农村、交通运输、林业和草原等部门和长江流域省级人民政府划定河湖岸线保护范围，制订河湖岸线保护规划，严格控制岸线开发建设，促进岸线合理高效利用 禁止在长江干支流岸线 1km 范围内新建、扩建化工园区和化工项目。禁止在长江干流岸线 3km 范围内和重要支流岸线 1km 范围内新建、改建、扩建尾矿库；但是以提升安全、生态环境保护水平为目的的改建除外	《中华人民共和国长江保护法》

续表

领域	有关制度规定	主要法律法规政策
水库安全	2. 长江水利委员会应当会同重庆市、湖北省人民政府水行政主管部门，编制三峡水库岸线利用管理规划，分别征求重庆市、湖北省人民政府意见后报水利部批准。三峡水库岸线利用管理规划，应当服从流域综合规划和防洪规划，并与河道整治规划和航道整治规划相协调 3. 三峡库区有关城乡规划的岸线近水利用线，由三峡库区县级以上地方人民政府水行政主管部门会同有关部门依据经批准的三峡水库岸线利用管理规划确定 4. 三峡库区河道岸线的利用和建设，应当服从河道整治规划、航道整治规划和三峡水库岸线利用管理规划。河道岸线的界限，由三峡库区县级以上地方人民政府水行政主管部门会同交通等有关部门报县级以上地方人民政府划定	《三峡水库调度和库区水资源与河道管理办法》
	5. 交通部门要加强对三峡库区沿岸港口及航运设施建设和港航设施岸线资源的管理。港口岸线的使用和构筑水上设施应严格按照《中华人民共和国港口法》及相关规定报相应的主管部门审批，并报同级地方水库综合管理部门备案	《国务院办公厅关于加强三峡工程建设期三峡水库管理的通知》
	6. 严格岸线分区分类管控。加快河湖岸线保护与利用规划编制审批工作，省级水行政主管部门组织提出需编制岸线规划的河湖名录，明确编制主体，并征求有关流域管理机构意见。按照保护优先的原则，合理划分岸线保护区、保留区、控制利用区和开发利用区，严格管控开发利用强度和方式。要将岸线保护与利用规划融入“多规合一”国土空间规划体系 7. 严格依法依规审批涉河建设项目。严格按照法律法规以及岸线功能分区管控要求等，对跨河、穿河、穿堤、临河的桥梁、码头、道路、渡口、管道、缆线、取水、排水等涉河建设项目，遵循确有必要、无法避让、确保安全的原则，严把受理、审查、许可关，不得超审查权限，不得随意扩大项目类别，严禁未批先建、越权审批、批建不符 8. 严格管控各类水域岸线利用行为。河湖管理范围内的岸线整治修复、生态廊道建设、滩地生态治理、公共体育设施、渔业养殖设施、航运设施、航道整治工程、造（修、拆）船项目、文体活动等，依法按照洪水影响评价类审批或河道管理范围内特定活动审批事项办理许可手续。严禁以风雨廊桥等名义在河湖管理范围内开发建设房屋。城市建设和发展不得占用河道滩地。光伏电站、风力发电等项目不得在河道、湖泊、水库内建设。在湖泊周边、水库库汊建设光伏、风电项目的，要科学论证，严格管控，不得布设在具有防洪、供水功能和水生态、水环境保护需求的区域，不得妨碍行洪通畅，不得危害水库大坝和堤防等水利工程设施安全，不得影响河势稳定和航运安全	《水利部关于加强河湖水域岸线空间管控的指导意见》

续表

领域	有关制度规定	主要法律法规政策
水库安全	（七）水资源保护 1. 三峡库区水资源保护规划由水利部组织编制，报国务院批准。长江水利委员会应当会同重庆市、湖北省人民政府水行政主管部门和环境保护行政主管部门等拟定三峡库区水功能区划，分别经重庆市、湖北省人民政府审查提出意见后，由水利部会同环境保护部审核，报国务院或者其授权的部门批准 2. 长江水利委员会应当会同重庆市、湖北省人民政府水行政主管部门，按照水功能区对水质的要求和水体的自然净化能力，核定三峡库区的水域纳污能力，向重庆市、湖北省人民政府环境保护行政主管部门提出库区的限制排污总量意见，同时抄报水利部和环境保护部 3. 禁止向三峡库区排放、倾倒工业废渣、垃圾等有毒有害物质 4. 禁止在饮用水水源保护区内设置入河排污口。在三峡库区新建、改建或者扩大入河排污口的，应当按照入河排污口监督管理的有关规定，报有关县级以上地方人民政府水行政主管部门或者长江水利委员会审查同意 5. 有关县级以上地方人民政府水行政主管部门和长江水利委员会应当加强对三峡库区水质状况的监测工作。发现发生重大水污染事件或者发现水质变化可能造成重大水污染事件时，应当及时报告水利部和当地人民政府，并向有关环境保护行政主管部门通报	《三峡水库调度和库区水资源与河道管理办法》
	6. 环保总局应加强对三峡库区及长江上游地区生态环境保护的监督管理。建设部应加强对城镇污水处理厂（含配套管网）、垃圾处理场建设和运行的指导和监督。各级地方人民政府要加强污水、垃圾处理收费等管理工作，确保污水、垃圾处理设施的正常运转 7. 环保总局牵头组织、监督、管理漂浮物的治理工作。各地区、各有关单位要严格按照《国务院批转环保总局关于三峡库区水面漂浮物清理方案的通知》（国函〔2003〕137号）的要求，各负其责，抓好落实 8. 农业部门要加强对库区及长江上游地区畜禽养殖场粪污处理、合理施用农药和化肥等的指导和监督。库区及其上游地区各级人民政府要采取有效措施，在本行政区域内限制或禁止销售、使用含磷洗涤用品，有关部门要加强管理和执法监督	《国务院办公厅关于加强三峡工程建设期三峡水库管理的通知》
水库调度	（一）防洪调度 1. 三峡水库的防洪调度，应当依据经批准的长江流域防御洪水方案、洪水调度方案和三峡水库洪水调度方案、调度规程、年度汛期调度运用计划以及防洪调度指令进行，并服从国家防汛抗旱指挥机构和长江防汛抗旱指挥机构的调度指挥和监督管理 2. 三峡水库的洪水调度方案，应当依据经批准的长江流域防御洪水方案和洪水调度方案，由长江水利委员会组织三峡水利枢纽管理单位编制，征求重庆市、湖北省以及三峡水库下游有关省、直辖市人民政府的意见后，报国家防汛抗旱指挥机构批准 3. 三峡水利枢纽管理单位按照国家防汛抗旱指挥机构或者长江防汛抗旱指挥机构下达的三峡水库防洪调度指令，具体负责三峡水库防洪调度的实施。三峡水库的发电与航运调度应当服从防洪调度	《三峡水库调度和库区水资源与河道管理办法》

续表

领域	有关制度规定	主要法律法规政策
水库调度	（二）水量调度 1. 三峡水库的水量调度，应当依据经批准的三峡库区及下游河段水量分配方案（或者长江流域取水许可总量控制指标）、三峡水库调度规程以及汛前消落期、汛后蓄水期和枯水运用期的水量调度运用计划、水量实时调度指令进行，并服从水利部和长江水利委员会的调度指挥和监督管理 2. 三峡水库的水量分配与调度，应当首先满足城乡居民生活用水，并兼顾农业、工业、生态与环境用水以及航运等需要，注意维持三峡库区及下游河段的合理水位和流量，维护水体的自然净化能力 3. 长江水利委员会应当依据经批准的三峡库区及下游河段水量分配方案（或者长江流域取水许可总量控制指标）以及汛前消落期、汛后蓄水期和枯水运用期的水量调度运用计划，下达水量实时调度指令。三峡水利枢纽管理单位应当按照水量实时调度指令，具体负责三峡水库水量调度的实施，并按照水量调度指令做好发电计划的安排	《三峡水库调度和库区水资源与河道管理办法》
	（三）应急调度 1. 库区及下游河段发生干旱灾害时，国家防汛抗旱指挥机构或者长江防汛抗旱指挥机构应当按照旱情紧急情况下的水量调度预案，实施应急水量调度 2. 三峡水库发生重大水污染事件时，长江水利委员会和重庆市、湖北省人民政府水行政主管部门应当按照有关应急预案，及时采取必要的应急调度措施	
	（四）调度管理 1. 严格遵循《三峡（正常运行期）—葛洲坝水利枢纽梯级调度规程（2019年修订版）》等有关规程规范，严格执行批复的汛期调度运用方案，坚决执行调度指令 2. 完善以三峡工程为核心的长江流域水工程联合调度机制 3. 持续开展三峡水库及上游梯级电站联合生态调度实践	《加强三峡工程运行安全管理工作的指导意见》
消落区管理	（一）国家规定 1. 消落区利用管理 （1）三峡水库消落区的利用，应当服从三峡水库的防洪安全和工程安全，满足库区水土保持、水质保护和生态与环境保护的需要 （2）三峡水库消落区的土地属于国家所有，由三峡水利枢纽管理单位负责管理 （3）三峡办要会同有关部门组织制定建设期三峡水库消落区土地使用管理办法。湖北省、重庆市人民政府要制定消落区土地使用的实施细则，并报三峡建委备案 （4）在不影响水库安全、防洪、发电和生态环境保护的前提下，消落区的土地可以通过当地县级人民政府优先安排给就近后靠的农村移民使用 （5）因蓄水给使用该土地的移民造成损失的，国家和三峡水利枢纽管理单位不予补偿 （6）从严控制消落区土地耕种，严禁种植高秆作物和施用化肥、农药	《三峡水库调度和库区水资源与河道管理办法》 《国务院办公厅关于加强三峡工程建设期三峡水库管理的通知》

续表

领域	有关制度规定	主要法律法规政策
消落区管理	2. 消落区保护 （1）国务院有关部门会同长江流域有关省级人民政府加强对三峡库区、丹江口库区等重点库区消落区的生态环境保护和修复，因地制宜实施退耕还林还草还湿，禁止使用化肥、农药，科学调控水库水位，加强库区水土保持和地质灾害防治工作，保障消落区良好生态功能	《中华人民共和国长江保护法》
	（2）消落区土地使用者必须承担保护环境、恢复生态、防治污染、防治地质灾害及保护文物的责任	《国务院办公厅关于加强三峡工程建设期三峡水库管理的通知》
	（3）坚持以保留保护和生态修复为主、工程治理措施为辅，加强消落区生态环境保护和修复。严禁向消落区排放污水、废物和其他可能造成消落区生态环境破坏、水土流失、水体污染的行为。从严控制消落区土地耕种，严禁种植高秆作物和施用化肥、农药。加强消落区清漂保洁，保持消落区良好生态功能	《加强三峡工程运行安全管理工作的指导意见》
	（二）重庆市规定 1. 消落区管理实行政府全面负责，三峡水库管理部门综合管理，政府有关部门各司其职的管理机制 2. 消落区保护。①采取工程性治理和生物性治理相结合的措施加强消落区生态环境保护与建设。②消落区分区：保护区；生态修复区。③建立健全消落区卫生防疫制度。④建立消落区清漂保洁长效机制 3. 消落区使用分类管理制度	《重庆市三峡水库消落区管理暂行办法》
	（三）湖北省规定 1. 消落区保护与治理。①编制消落区综合治理实施方案；②消落区分区：保留保护区域、生态修复区域、重点整治区域 2. 消落区土地使用管理。①加强消落区土地耕种管理；②强化水库库容管理；③控制消落区开发利用	《湖北省人民政府办公厅关于加强三峡水库消落区管理的通知》
生态环境保护与修复	（一）长江保护 1. 长江流域地方各级人民政府应当落实本行政区域的生态环境保护和修复、促进资源合理高效利用、优化产业结构和布局、维护长江流域生态安全的责任 2. 国家建立以国家发展规划为统领，以空间规划为基础，以专项规划、区域规划为支撑的长江流域规划体系，充分发挥规划对推进长江流域生态环境保护和绿色发展的引领、指导和约束作用 3. 国家对长江流域国土空间实施用途管制。长江流域县级以上地方人民政府自然资源主管部门依照国土空间规划，对所辖长江流域国土空间实施分区、分类用途管制	《中华人民共和国长江保护法》

续表

<table>
<tr><th>领域</th><th>有关制度规定</th><th>主要法律法规政策</th></tr>
<tr><td rowspan="4">生态环境保护与修复</td><td>4. 国家对长江干流和重要支流源头实行严格保护，设立国家公园等自然保护地，保护国家生态安全屏障
5. 国家加强长江流域生态用水保障。国务院水行政主管部门会同国务院有关部门提出长江干流、重要支流和重要湖泊控制断面的生态流量管控指标。长江干流、重要支流和重要湖泊上游的水利水电、航运枢纽等工程应当将生态用水调度纳入日常运行调度规程，建立常规生态调度机制，保证河湖生态流量
6. 国家建立长江流域危险货物运输船舶污染责任保险与财务担保相结合机制。禁止在长江流域水上运输剧毒化学品和国家规定禁止通过内河运输的其他危险化学品
7. 国家建立长江流域生态保护补偿制度
8. 国家对长江流域生态系统实行自然恢复为主、自然恢复与人工修复相结合的系统治理
9. 国家对长江流域重点水域实行严格捕捞管理
10. 长江流域县级以上地方人民政府按照长江流域河湖岸线保护规划、修复规范和指标要求，制订并组织实施河湖岸线修复计划，保障自然岸线比例，恢复河湖岸线生态功能。禁止违法利用、占用长江流域河湖岸线</td><td rowspan="2">《中华人民共和国长江保护法》</td></tr>
<tr><td>（二）三峡库区生态环境保护与修复
1. 国务院有关部门会同长江流域有关省级人民政府加强对三峡库区、丹江口库区等重点库区消落区的生态环境保护和修复，因地制宜事实退耕还林还草还湿，禁止使用化肥、农药，科学调控水库水位，加强库区水土保持和地质灾害防治工作，保障消落区良好生态功能</td></tr>
<tr><td>2. 坚持生态优先、绿色发展，将生态环境修复摆在压倒性位置，统筹山水林田湖草沙综合治理，推进支流系统治理和库岸环境综合整治，不断优化三峡库区城镇结构和功能，加快建设美丽乡村，走既满足生态和环境保护要求又具有经济效益的绿色发展之路，促进人水和谐</td><td>《加强三峡工程运行安全管理工作的指导意见》</td></tr>
<tr><td>3. 加大库区水土流失综合治理力度，加强水土保持监督管理，实施水土保持监测，实行水土保持目标管理和开发建设单位水土流失防治工作行政领导责任制，切实控制库区水土流失
4. 发展改革委要会同林业局等有关部门，以三峡水库周边为重点，做好水库周边防护林带的规划、建设和保护工作，全面推进三峡库区及长江上游地区生态环境建设
5. 国土资源部要加强对三峡库区地质灾害防治工作的指导、监督和检查。环保总局要加强对三峡水库周边地区生态保护的综合协调和监督。农业部要加强对库区高效生态农业建设的扶持、指导和监督</td><td>《国务院办公厅关于加强三峡工程建设期三峡水库管理的通知》</td></tr>
</table>